Reinhard Knodt
Ästhetische Korrespondenzen

Reinhard Knodt

Ästhetische Korrespondenzen

Denken im technischen Raum

Philipp Reclam jun. Stuttgart

Umschlagabbildung:
Aus dem »Handvokabular« (1993) von Eva-Maria Schön

Universal-Bibliothek Nr. 8986

Gesamtherstellung: Reclam, Ditzingen. Printed in Germany 1994

ISBN 3-15-008986-7

Inhalt

Vorwort

Wir wissen über Ästhetik Bescheid wie kein Zeitalter sonst und leben doch in immer häßlicheren Umgebungen. Wir konzipieren die sublimsten Medienkunstwerke und setzen uns doch immer debileren Formen der Unterhaltung an eben diesen Medien aus. Wir sehnen uns nach Naturschönheit und zerstören sie gerade im Versuch, technisch über sie zu verfügen. Statt unser Leben selber zur Kunst zu machen und uns reale Gegenwart zu schenken, verlieren wir uns in dessen institutionelle und technische Substitution, deklarieren »Kunst« zu einer Sonderbetätigung und geben uns im Nachdenken vorzugsweise mit Kunstwissenschaft oder deren Geschichte ab. So ergibt sich ganz allgemein der Eindruck, daß unser Leben zuwuchert, daß Technik, Verkehr, der ganze Wust an Vorbereitungen und sekundären Pflichten und Verarbeitungen ersetzt, worauf wir als ästhetische Wesen aus sind. Dann und wann reißen wir uns los – und verreisen vielleicht. Aber dort, wo wir hinkommen, treffen wir, wenn wir ehrlich sind, auf dasselbe Problem, auf uns . . .

Wie sähe ein Denken aus, das eine durch Technik, Wissenschaft und instrumentalisierte Ethik in Büros, Autos, Hochhäuser und Freizeitparadiese versperrte Menschheit auf ihrem teilverwüsteten Planeten wirklich braucht? Diese Frage ist in letzter Zeit oft mit dem Hinweis auf die Ästhetik beantwortet worden. Zugleich wurden »technische« und »diskursive« Perspektiven der Problembewältigung, etwa die Versuche der Ökologie, der Kommunikationstheorie und der Verantwortungsethik, kritisiert.

Es scheint, wir haben etwas ausgelassen. Wir bemerken, daß berühmte Topoi aus der Zeit des Kalten Krieges – Kommunikation, Diskurs, Konsens – nicht die letzte Sehnsucht unseres weltpolitischen, gesellschaftlichen, wie auch privaten Lebens kennzeichnen. Wir erkennen, daß wir nicht nur »Konsens«, sondern auch Korrespondenzmöglichkeiten im

bleibenden Dissens brauchen, nicht nur »Information« und »kommunikatives Handeln«, sondern auch Wahrnehmung und Teilhabe, daß wir letztlich nicht »Bedürfnisbefriedigung«, sondern glückendes Leben anstreben und eine entsprechende *ars vivendi* brauchen, weswegen die Frage nach umfassender ästhetischer Korrespondenz gegenüber bloß diskursiven Konzepten an Schwergewicht gewinnt.
Ein Denken im Sinne ästhetischer Korrespondenz ist, ähnlich wie auch der heute propagierte Topos des »ästhetischen Denkens«, zunächst einmal nichts Neues. Es ist eine Bemühung auf der Spur von Baumgarten bis Hamann, von Nietzsche bis Husserl und Heidegger, Adorno und Gadamer, ein Denken, das akademischen Gewohnheiten und dem vorgeblich sicheren Gang bestimmter Schulen mißtraut und seine Präzision an anderer Stelle sucht – etwa in der »Wahrheit der Dinge«, wie es bei Baumgarten noch opak hieß, in praktischer Erfahrungslehre, wie man modern sagen könnte, in »problemorientiertem« Denken und Kombinatorik, statt nur in Begriffsklärung und Analytik. Es ist ein Denken, das »Wahrheit« und »Wahrnehmung« aufeinander zuarbeitet und den primären schöpferischen Akt anzielt, statt nur das »Verstehen« oder »Erklären«, »Interpretieren« oder das wissenschaftliche Notat. Korrespondenzdenken war nie bloß Kritik, Analyse oder Auslegung, sondern immer auch eine schöpferische Haltung dem Leben gegenüber, die zum Glükken desselben beitragen wollte. Es ist eine Perspektive, die man natürlich auch in der Kunst und in der Religion findet, die dort jedoch von systematischen Abschlüssen, Machtdenken, Dogmen und irrationaler Willkür nicht frei ist und daher gerade nicht institutionalisiert, sondern nur als dauernder Anspruch in der Schwebe gehalten werden kann.
Die Frage nach ästhetischer Korrespondenz, die die vorliegenden Essays aufgreifen, steht nun allerdings noch in einem zusätzlichen Zusammenhang, der sich durch ihre Rückbindung an die Situation im *technischen Raum* ergibt. Unter »technischem Raum« verstehe ich den Inbegriff aller lebens-

weltlichen Verhältnisse, die wir durch unsere technische Naturbearbeitung, durch die Institutionen rationalisierter Kommunikation, der Medien, der technischen Informationsverarbeitung, des Verkehrs, der Produktion und der Konsumtion eingerichtet haben und durch unsere Lebenstätigkeit aufrechterhalten. Jener Raum, der zugleich Lebenswelt wie auch Naturverhältnis ist, der in einigen seiner Aspekte heute gern als ein Bereich der Gewalt, als institutionalisierte Naturzerstörung, instrumentelle Reduktion und Herrschaft der Technik pauschaliert wird, ist adäquat nur erfaßbar, wenn wir uns in unseren Anstrengungen gerade nicht von seinen Phänomenen abwenden, als hätten wir dort den »anästhetischen« Gegner und alle Seinsvergessenheit schon ausgemacht. Statt dessen kommt es darauf an, ihn als Horizont *ästhetischer Korrespondenz* neu zu entwerfen und damit wirklich zu »interpretieren«, wo viele Intellektuelle sich bisher nur distanzierten.
Das Reden vom »Raum« hat einen konkreten Anlaß, der nicht verschwiegen sei. Foucault äußerte einmal die Vermutung, daß nach der großen Faszination der *Zeit* und damit der *Geschichtswissenschaft* im 19. Jahrhundert nunmehr im 20. Jahrhundert der *Raum* die Metaphern zeitgemäßen Denkens und Wahrnehmens abgeben werde, so daß das Paradigma der *Weltgeschichte* von dem der *Weltgesellschaft* und ihren Strukturen dominiert werde. Dieser Hinweis variiert einen gängigen Topos der siebziger Jahre, der in USA von Daniel Bell und in Deutschland von Arnold Gehlen formuliert wurde: Dieser sagte etwa: »Seit mehr als hundert Jahren haben sich die Amerikaner und Europäer eine noch nie dagewesene Wirklichkeit aufgebaut: Sie haben die technischen und industriellen Erfindungen in einen großen Zusammenhang gebracht, ihn wie eine *zweite Erde* (Hervorhebung: R. K.) als Bedingung ihres Weiterlebens betreten und sich in einer neuen Umwelt eingerichtet, die an Gewaltsamkeit und zugleich Künstlichkeit alle Vergleichbarkeiten hinter

sich läßt.«[1] Mit einigen bildkräftigen Hinweisen des Soziologen Marshall McLuhan könnte man dies erläutern: McLuhan sagte einmal: »Seit dem Telegrafen haben wir Hirn und Nerven des Menschen rund um den Erdball ausgedehnt . . . wenn wir Auto fahren oder fernsehen, vergessen wir gern, daß das, womit wir es da zu tun haben, einfach ein Teil von uns selbst ist, der da draußen steckt«, kurz, wir tragen »unseren Schädel innen« und »unser Hirn außen«.[2]
Die modernen Verkehrs- und Produktionsverhältnisse, ihre Wahrnehmungsweisen und die in ihnen sich technisch beschleunigenden Interpretations- und Informationsprozesse – das ist der Kern in McLuhans Aussage – sind ontologisch triftig, indem sie als ein vielschichtiger Aktions- und Wahrnehmungsraum Bewußtsein mitbegründen und den im menschlichen Miteinander eingerichteten Raum als technisches wie auch ästhetisches Naturverhältnis zum Generalhorizont des Daseins machen. McLuhan gab seinerzeit noch eine ästhesiologische Metapher für die Eigenart dieses Zusammenhangs. Er sprach von einem Raum, den man sich, wollte man ihn sich plausibel machen, als »durch den Akt des Hörens geschaffen« vorstellen müsse. »Es ist eine Art orchestraler, klanglicher Einheit, nicht die Einheit logischen Diskurses [. . .], wir hören aus allen Richtungen auf einmal; das schafft einen einzigen nicht visualisierbaren Raum. Das Alles-auf-Einmal des auditiven Raumes stellt das genaue Gegenteil der Linealität dar [. . .].«[3]
Dieser Hinweis, den man erkenntnistheoretisch natürlich schnell als bloß perspektivische Uminterpretation abtun könnte, zeigt gerade durch die Beschreibung des Perspektivenwechsels von Zeit (»Linealität«) zu Raum (»Das Alles-

1 Arnold Gehlen, »Über kulturelle Kristallisation«, in: *Studien zur Anthropologie und Soziologie*, Neuwied / Berlin 1963/88, S. 311.

2 Marshall McLuhan, »Gewissensbisse der Wahrnehmung« (»The Agenbit of Outwit«, 1963), in: *Falsche Dokumente, postmoderne Texte aus den USA*, hrsg. von Utz Riese, Leipzig 1993, S. 102.

3 Ebd., S. 105.

auf-Einmal«) wohin ein »Korrespondenzdenken« zielen müßte. Es geht hier ja um die Diskrepanz zweier Wahrnehmungsweisen, genauer: um den Unterschied von (bildlich interpretierter) *Synthesis* und (auditiv interpretierter) *Synästhesie* als interpretativem Geschehen. Angesichts der Situation »im technischen Raum« wäre eine ›rezeptiv-produktive‹ Form der Synästhesie, gewissermaßen als Struktur des Korrespondenzdenkens, ein Anspruch, dem man sich zu stellen hätte. Sein Bild ist das Hören.

Ein Denken, das dies tut, kann seiner »Zeit« kaum Vorschläge aus höherer Einsicht ins Sein unterbreiten, aber es kann versuchen, aus der Perspektive der »Allianz« (Bloch) von Natur und Kunst die Korrespondenzen dessen zu ermitteln, was der technische Raum in seinen vielfältigen »Gegenden« für Menschen als ästhetische Wesen ist. Korrespondenzdenken betrifft die Beziehungen von technischem Raum und ästhetischem Menschen – und zwar auf der Basis jener Perspektive, die heute zum Problem beider geworden ist – der Natur.

Die technischen Prozesse, unsere Institutionen, der Verkehr, die Produktion, die Formen unseres Bauens, Arbeitens, Kunstschaffens, Reisens, usw. wären aus solch einer Sicht nicht mehr ›Oberflächenphänome‹, um die es in den »wesentlichen« Fragen der Philosophie nicht gehen darf. Es ist vielmehr gerade andersherum: Kunst, Philosophie und die sublimeren Formen interpretierenden Mitseins stehen im Amalgam, genauer, in dauernder Korrespondenz mit dem Alltäglichsten des technischen Raumes. Sie sind daher weder Rettung, noch Fluchttempel, noch separater Orientierungsbereich für Hochgebildete, sondern einzig sein Ausdruck.

In der zeitgenössischen Theorie ist das Verhältnis von technischem Raum und ästhetischem Menschen immer wieder thematisiert worden, und zwar in Gegensätzen: Dissenspluralismus contra Konsensforderungen, Ästhetik contra Technik, Problemdenken contra Systemdenken, »Lebenswelt« contra »Kolonisierung«, institutionelle Machtausübung

gegen hermeneutisch sensible Interpretation, »Ästhetisches Denken« gegen »systematische Anästhesierung« usf. Heute herrscht, wohin man blickt, der Gegensatz der ›Starken‹ und der ›Schwachen‹, der ›Fundamentalisten‹ und Wertkonservativen gegenüber den ›Liberalen‹ angesichts eines immer gleichbleibenden Bildes der Aufklärung, die man entweder relativieren müsse oder aber zu retten habe. Die Rede vom ästhetischen Denken »im« technischen Raum verläßt das Feld dieses nervösen Streits und spricht von einem *Korrespondenzgeschehen* von Technik und Ästhetik, von Kunst und Natur, von System und Interpretation, hermeneutischem Gespräch und Macht. Es setzt überall dort an, wo es Verbindungen, Gleichklang und ästhetische Korrespondenzen findet, und es führt diese als das eigentliche Vernunftgeschehen *»zwischen«* den herrschenden Diskursen vor.
Dieses *Programm* also: Uns korrespondierend, d. h. rezeptiv interpretierend und produktiv konzipierend auf Menschen, Dinge und Umgebungen zu beziehen, dabei jenes am Rande zu halten, was sich als Kunstkritik, Kunstgeschichte, aber auch als philosophische Ästhetiktheorie stets anbietet, und statt dessen einen ästhetischen Anspruch des Denkens selber festzuhalten, wäre ein Optimum, das die nachfolgenden Essays anstreben. Sie sind so angeordnet, daß sie, im Fortgang gelesen, eine Vertiefung ermöglichen. Die ersten beiden Texte bilden eine akademische Brücke zu der dann einschlägiger werdenden essayistischen Textführung und seien deshalb als diskursive Vorlektüre empfohlen. – Zeitlich stand am Anfang allerdings der Aufsatz »Die Philosophie und die Wüste«, in dem ich vor Jahren das Thema der interpretierenden Umwandlung von »Natur« in technische Wartungsfälle aufnahm – glücklicherweise, ohne es gleich automatisch in die Ökologie zu ziehen, gleichzeitig aber noch mit unzureichendem ästhetischen Handwerkszeug. Das am weitesten entwickelte und damit auch programmatische Stück ist »Liebes Montafon«. Das zeitlich jüngste Stück ist die Arbeit »Television«, die, ganz ähnlich wie das »Montafon« und

»Das Prinzip ›Mall‹«, aus der direkten Auseinandersetzung mit Phänomenen des technischen Raumes lebt.
Vor dem hohen Anspruch ›akademischer‹ Traditionen und dem weitverbreiteten Glauben an dicke Bücher sind die Texte natürlich nicht mehr als eine schlanke Skizze, eine meiner Ansicht nach aber triftige Skizze eines vielleicht möglichen Philosophierens, das ich einmal als Weiterbildung der hermeneutischen Theorie verfassen wollte, aber zurückstellte, als mir klar wurde, daß ich zuerst die Idee zu etablieren hätte, bevor ich versuchen könnte, eine ausgreifende oder auch das Historische mitverantwortende Darstellung zu präsentieren.
Was hinter Ansprüchen zurückbleibt, ist meist der Text selber, der letztlich ja nur die Spur desjenigen ist, der versucht hat, ›im Schreiben zu bleiben‹, weil dies, statt Musik oder Tanz, eben seine Möglichkeit der realen Gegenwart und damit der ästhetischen Korrespondenz war. Die Ideen verdanke ich weniger den Büchern als vielmehr Beobachtungen in den USA und Europa, sowie Gesprächen mit Kollegen und Freunden, von denen mir die *wieder*gewonnenen die wichtigsten sind. Besonders gefreut habe ich mich über den Kontakt mit den Kollegen und Studenten der Universität Kassel.

Im Winter 1993/94 *R. K.*

Der Künstler und die Wissenschaften

Bemerkungen zum Verhältnis von ästhetischer Korrespondenz und rationalisierter Kommunikation

I.

»Kunst« und »Diskurs«

Mein Thema könnte durch eine Passage aus den *Unzeitgemäßen Betrachtungen* Nietzsches erläutert werden, die lautet: »Wer nämlich zu beobachten weiss, bemerkt, dass der Gelehrte seinem Wesen nach unfruchtbar ist – eine Folge seiner Entstehung! – und dass er einen gewissen natürlichen Hass gegen den fruchtbaren Menschen hat; weshalb sich zu allen Zeiten die Genie's und die Gelehrten befehdet haben. Die letzteren wollen nämlich die Natur tödten, zerlegen und verstehen, die ersteren wollen die Natur durch neue lebendige Natur vermehren; und so giebt es einen Widerstreit der Gesinnungen und Thätigkeiten. Ganz beglückte Zeiten brauchten den Gelehrten nicht und kannten ihn nicht, ganz erkrankte und verdrossene Zeiten schätzten ihn als den höchsten und würdigsten Menschen und gaben ihm den ersten Rang.«[1]

Die Zeilen stellen zwei Perspektiven gegeneinander, wie man es in unserem Zeitalter der Differenziertheit nicht mehr tut, da solch ein Gegeneinandersetzen romantisch und also vielleicht naiv ist. Doch seien wir vorsichtig. Gegensätze können etwas verdeutlichen, das die bloße Differenz verschweigt. Die Differenz macht sich in unserem Beispiel jedenfalls an der »Natur« bemerkbar. Wissenschaftler wollen Natur »ver-

1 Friedrich Nietzsche, *Unzeitgemäße Betrachtungen; Kritische Studienausgabe*, hrsg. von Giorgio Colli und Mazzino Montinari, München 1980 [im folgenden zit. als: KSA], Bd. 1, S. 399 f.

stehen«, »zerlegen«, »tödten«. Künstler wollen sie durch »neue lebendige Natur vermehren«. Wir sollten uns die Frage vorbehalten, was diese »Natur« ist, die durch Kunst »vermehrt« werden kann. Doch fügen wir zunächst eine weitere Passage an: »Wenn Künstler oder Künstlerinnen beispielsweise aufgrund kunstwissenschaftlicher Lektüre der Meinung sind, daß die Kunstentwicklung auf ein bestimmtes Ziel hin ausgerichtet sei, so wird sich dies in ihren Werken niederschlagen. Sind die Kritiker oder Kritikerinnen der gleichen Überzeugung, so beeinflußt dies ihr Urteil. In dieser Weise wird Kunstwissenschaft produktiv, statt das ohnehin ablaufende Kunstgeschehen nur im nachhinein wissenschaftlich zu bearbeiten.«[2]

Wieder ist nicht pauschal von »Kunst« und »Wissenschaft« die Rede, sondern von »Künstlern« und kunstwissenschaftlicher Lektüre, von Kritikern, von Perspektiven, Wirkungen und Gegenwirkungen – und zuletzt von der möglichen ästhetischen Produktivität auch der »Kunstwissenschaft«. Die Perspektive unterscheidet sich beträchtlich von der ersten. Das Gegeneinander von Gelehrtem hier und Künstler dort, die romantische Unterscheidung des jungen Nietzsche, ist aufgegeben zugunsten der Auffassung eines ästhetico-politischen Gesamtgeschehens, an dem Künstler, Wissenschaftler, Publizisten oder Politiker gemeinsam weben. – Es geht, so würde man im heute in den meisten Köpfen ja herrschenden Zeitalter des »kommunikativen Handelns« und einer sozialwissenschaftlich verpackten Ästhetik sagen – um »öffentliche Diskurse«. Die Kunst, die Wissenschaft, die Medienpublizisten, die Philosophie – alles zusammen webt am großen kommunikativen Geschehen, dessen Teilnehmer und Teilhandelnde wir sind.

Dieser Auffassung entspricht, oberflächlich betrachtet, auch die Situation der heutigen »Kunstwissenschaft«: Diese ist ja

2 Auszug aus dem Problemaufriß zur Tagung »Zeitgenössische Kunst und Kunstwissenschaft« an der Universität Kassel, Fachbereich Kunst, vom 29. 10. bis 1. 11.1992, welche der vorliegende Festvortrag eröffnete.

weder bloß Kunstgeschichte, Ikonographie, Didaktik bzw. Theorie der Künstlerausbildung, sie ist längst auch »Kommunikationswissenschaft«, »Medientheorie«, Wahrnehmungslehre und sogar Medien- und Technikphilosophie geworden. Außerdem ist sie als Geschehen der öffentlichen Kritik, der Jurys, des Sponsorship usf. auch die große Performance der Vermarktung kultureller Simulakren und ihrer Verweisungszusammenhänge. Der »Künstler« hat heute also seine Rolle im ›Diskurs‹. Sein Selbstverständnis wie sein Erscheinungsbild sind nicht mehr anti-wissenschaftlich genial, sondern reflexiv und diskursbezogen. Es gilt heute als naiv, davon zu reden, er sei Genie oder Künder. Er arbeitet sich offenbar auch nicht mehr am »Werk« oder sich selber ab. Er hantiert vielmehr als Macher, Hersteller von »Objekten«, deren Nutzen dann im »öffentlichen Diskurs« liegt, weil sie zum Beispiel »Transparenz« herstellen. Sodann arbeitet er als Konzeptionalist, Arrangeur und Ironiker von Rezeptionsgewohnheiten und mag – verzeihen Sie die Polemik – noch lukrative Nebenberufe als Image-Gesprächspartner der Politik, Festivalredner, Entertainer, Ausstatter, Talkshowteilnehmer, Artdirektor, Stipendiat oder Stadtschreiber haben. – »Hoffentlich nicht zu spät wird man bemerken, daß man in Imitate investiert hat«, so äußerte sich der bisherige Kulturreferent von Kassel, Hans-Bernhard Nordhoff, vor nicht all zu langer Zeit auf einer Konferenz hessischer Kultusbeamter zur Allgegenwart eines Typus, der seiner Meinung nach nur noch das *Produkt* des ästhetico-politischen Diskursgeschehens ist – und was wäre der Künstler sonst . . .?

Es geht hier wohl nicht bloß um den Verdacht, daß man im Kunstbetrieb den routinierten Darstellern traditioneller Rollen aufsitzt, deren »Konzepte« bzw. Arbeitsprodukte man dann ›wissenschaftlich‹ bedenkenlos weiterverarbeitet (und, kaum sind sie aus der Mode, bereitwillig musealisiert). Es schwingt hier auch ein tiefer sitzender Verdacht mit, der Verdacht, den auch eine ganze Reihe ästhetikorientierter

Philosophen formulieren, daß sich nämlich die Hoffnung eines sich rationalisierenden kommunikativen Geschehens namens »Kulturfortschritt«, an dem Künstler, Kunstwissenschaftler und Medienbeschäftigte genauso wie Politiker, Wirtschaftsmanager oder Werbestrategen freudig mittun, fragwürdiger ausnimmt als gedacht.
Bereits Nietzsche beschreibt den Kampf der Perspektiven, der ja so außerordentlich fruchtbar sein soll, als den Kampf einer alles nivellierenden Besetzung von Eigeninteressen: »Mag der Staat noch so laut sein Verdienst um die Kultur geltend machen, er fördert sie, um sich zu fördern und begreift ein Ziel nicht, welches höher steht als sein Wohl und seine Existenz. Was die Erwerbenden wollen, wenn sie unablässig nach Unterricht und Bildung verlangen, ist zuletzt eben Erwerb. Wenn die Formenbedürftigen [die Künstler, d. Verf.] das eigentliche Arbeiten für die Kultur sich zuschreiben ... so ist eben nur das deutlich, dass sie sich selbst bejahen, indem sie die Kultur bejahen: dass also auch sie nicht über ein Mißverständniss hinausgekommen sind. ... So eifrig also alle ... miteinander darüber nachdenken, wie sie sich mit Hülfe der Kultur nützen, so matt und gedankenlos sind sie, wenn dieses ihr Interesse nicht dabei erregt wird.«[3]

II.

Vom Verschwinden der Kunst

Ich bin mit meiner Bestandsaufnahme jedoch noch nicht am Ende und möchte gern ein paar weitere Zitate einflechten. Sie stammen gewissermaßen aus der Zukunft des Verhältnisses von Kunst und Kunstwissenschaft und beziehen die Präsenz der elektronischen Medien mit ein. Da heißt es in einem zeitgenössischen Essay zur Medienphilosophie: »Der elektro-

3 Nietzsche, *Unzeitgemäße Betrachtungen*; KSA I, S. 400 f.

nisch gesprengte Zeit-Raum-Rahmen hat die Imagination als traditionelle Zeit-Raum-Sprengmeisterin suspendiert. Das vorgestellt Unvorstellbare ist real geworden. Und die technische Wirklichkeit hat den Vorentwurf der Phantasie nicht nur eingeholt, sondern die fiktionale Antizipation auch eindrucksvoll entwaffnet, wo die Kunst heute noch das Unendliche an der Grenze des Endlichen sein will, wie sich das der Neuplatoniker Plotin dachte, macht sie sich nur noch lächerlich.«[4]

Während beim jungen Nietzsche also ein Gegensatz zwischen »Künstler« und »Gelehrtem« bestand, während im heute herrschenden Konzept der rationalisierten Kommunikation eine ästhetische Produktivität und Öffnung des Systems von »Kunstwissenschaft« hin zur ›Kunst‹ bei Wahrung aller Differenz zumindest noch erhofft wird,[5] hat jetzt die Informationselektronik – also die rationalisierte und technifizierte Kommunikation – dem Künstler die Arbeit gerüchteweise ganz und gar aus der Hand genommen. Die alte Perspektive vom Kunstgeschehen als einem Teil des kommunikativen Gesamthandelns ist ersetzt durch die neue Perspektive einer »Kunst« im Raum informationstechnologisch vernetzter Medien, als eine Form des – gerade vielleicht noch ironisierbaren – Mitmachens im Wirbel des informationellen Hypergeschehens.

Statt von der (immerhin etwa bei Habermas noch politisch offen gedachten) »Kommunikation« redet der Autor von einer Raum und Zeit sprengenden ›Kommunikativität‹ als Dauerzustand, in der der einzelne nicht mehr handelt, sondern im technischen Raum sich beschleunigender Informationsverarbeitung gewissermaßen ›gehandelt‹ wird.

4 Hans Joachim Müller, »Das Kunstwerk im Zeitalter seiner technischen Generierbarkeit«, in: Florian Rötzer, *Digitaler Schein, Ästhetik der elektronischen Medien*, Frankfurt a. M. 1991, S. 554. – Ähnlich argumentierte kürzlich auch Jürgen Bolz.

5 Eindrucksvoll nachzuvollziehen ist das etwa in: *Kasseler Hochschulwoche*, Symposium Situation Kunststudium 1977 vom 19. bis 21. September 1977, Kassel 1978.

Versteht man »Kunst« von hier aus (und die Habermassche Auffassung der Kunst als »Diskursart« hat solchen Verständnisweisen leider kräftig vorgearbeitet), so scheint es, als müsse die Medienelektronik nun das Kunstzeitalter umkrempeln – denn es krempelt ja ganz offensichtlich das Diskursgeschehen um. – So wird dann auch verständlich, was z. B. Vilèm Flusser vor einiger Zeit bemerkte, daß die wahren »Kunstwerke« unserer Zeit die Satelliten seien. Kunstwerke aus Stein, Öl oder anderen Materialien dagegen seien schlicht nostalgisch – »Informationsverlust«.[6]

Ein bezeichnender Ausdruck – die »Information«. In der frühen Kommunikationstheorie, etwa Laswells, die sich in ihren Beispielen des in den USA gerade allgemein verbreitenden Rundfunkempfangs bediente, war »Information« fast noch eine Art objektivierbare Substanz, die vom »Sender« über einen »Kanal« zum »Empfänger« ging. Da der Vorgang des Sendens elektromagnetisch ablief, bot es sich an, die Informationen nicht semantisch, sondern energetisch zu interpretieren, d. h. im Sinne von Informationseinheiten elektromagnetischer Art, den »bits«. Die Handlungstheorie übertrug das Modell auf menschliche Interaktion. Habermas, Watzlawick, Tausch und andere modifizierten es und paßten es unter dem Stichwort der Demokratisierung politischen und medienpraktischen Bedingungen an. Die technische Begrifflichkeit der »Information« und das bipolare Sender-Empfänger-Modell blieben dabei grundlegend, selbst wenn man von Rückkoppelung, Informationskreisen, kybernetischen Modellen usw. sprach, um den Finessen und Paradoxien »zwischenmenschlicher« Kommunikation erklärend und verstehend nahezukommen. Die heute erreichte Stufe der Informationselektronik, die durch Satelliten ermöglichte totale Vernetzung der automatisierten Verarbeitung von Information an jedem Ort und zu jeder Zeit,

6 Vgl. Müller (Anm. 4). – Ähnliche Bemerkungen machte Flusser auch dem Verfasser gegenüber.

läßt das »Hier« und das »Dort« einer Information, genauso wie das Vorher und Nachher, eins sein.
Wenn wir also – um es verkürzt zu sagen – die für uns wichtige Welt zunächst auf »Information« reduziert haben, und wenn wir anschließend dafür gesorgt haben, daß Information technisch verarbeitet wird, so scheint es tatsächlich, als könnten wir nun die Wirklichkeit selber technisch verarbeiten. Es herrscht als unausgesprochener Hintergrund vieler ›futuristischer‹ Theorien die durchaus zu akzeptierende Perspektive eines Hypergeschehens als Lebenswelt, genauer: eines vom Menschen eingerichteten technischen Raumes als Zusammenhang aus Verkehr, Produktion, Konsumtion, Transport und Institutionenhandeln. Dann jedoch kommt etwas Fragwürdiges in Gang. Es ist, als ob es nun einen geheimnisvollen und überall präsenten Stoff gebe, auf den sich schließlich alles reduzieren ließe. Jener Stoff ist sozusagen der, mit dem man Medien betreibt – »Information«. So kommt es zu einer technischen Ontologie der Welt – Sein als »Verschaltetsein«. Im Rahmen dieser Perspektive versuchten Virilio, Flusser, aber auch Kittler und andere immer wieder, die ontologischen Unterschiede von Realität und »Information« einzuebnen: Ich zitiere Vilèm Flusser: »Heute hat sich gezeigt, daß auch für das kalkulierende Denken die sogenannte Wirklichkeit aus Punkten besteht, daß also alle Objekte, die wir sehen, auch Komputationen sind. Der Tisch, auf dem wir unsere Hände haben, ist beispielsweise auch eine Komputation aus Punkten. Infolgedessen ist es auch ein Unsinn, von den Dingen, die wir auf den Computerschirmen haben, als von Simulakren zu sprechen. Sie haben dieselbe ontologische Würde wie die Welt um uns herum, es sind aus Punkten komputierte Objekte.«[7]
Die Entscheidung, die Realität von Kommunikationsabläufen technifizierter Information mit derjenigen des realen

7 Vilèm Flusser, *Ästhetik des Immateriellen*, Berlin 1988, S. 127.

Geschehens ontologisch gleichzusetzen, läßt es gerechtfertigt erscheinen, auch den künstlerischen Umgang mit Wirklichkeit zu »Information« zu machen. Die Künstler haben den Trend längst aufgenommen und gehen zur Arbeit mit den »Medien« über. Und zu guter Letzt liefert die naturwissenschaftliche Erkenntnistheorie nun scheinbar auch noch den ontologischen Beweis zum herrschenden Informationsmonismus: »Materie ist Information«, so lautet nach Auskunft von Carl Friedrich v. Weizsäcker die Hauptthese seines neuesten Buches *Die Geschichte der Natur.*[8] Daß die Biologen das »Leben« mittlerweile auch auf den Informationskern brachten, sei nur erwähnt. Der plumpe Energiemonismus der zwanziger und dreißiger Jahre ist durch den Informationsmonismus abgelöst – wer weiß, wie lange es dauert, bis wir kosmologische Theorien und Weltentstehungslehren im Rahmen des Informationsmonismus genießen dürfen ...

Der »Derealisierungsschub des elektronischen Codes«, wie Florian Rötzer das kürzlich nannte, jene informationstechnische Perspektive, die es gleichgültig macht, ob etwas Bild, Geschehen, Rede, Blick oder Tat ist, hat den Kunstbegriff, so scheint es also, voll und ganz verändert. »The medium is the message«, sagte Marshall McLuhan in den sechziger Jahren und meinte damit ein soziologisches Faktum, nämlich, daß das Medium seine eigenen Inhalte präformiere und mit ihnen zur Aussage verschmelze. Man kann daraus heute eine medienkunsttheoretische Wahrheit ableiten. Nicht nur Inhalt und Form der Präsentation fallen zusammen. Die Welt ist vielmehr das, womit sich der Medienkünstler beschäftigt. Die »Message« ist das Medium und damit die Welt: »Zeitung, Radio, Telephon, Computer, Fernkopierer, Telematik, Video, Slow Scan ... Der materielle Raum der Kunst ist Zug um Zug von der Leinwand des Malers zur

8 C. F. v. Weizsäcker auf den Bamberger Hegelwochen am 23. 6. 1992 (vgl. *Die Geschichte der Natur*, Frankfurt a. M. 1992).

Landschaft und neuerdings vom geographischen Raum zu dem der Netzwerke erweitert worden.«[9]
Leben ist Information, Materie ist Information, Kunstwerke in Stein und Öl sind Informationsverlust. – Der Wissenschaftler, der Künstler, der Konsument, der Ingenieur, der Händler, der Kritiker, der Ausstellungsmacher – alles wird dadurch austauschbar. Der technische Raum der Informationsgesellschaft selbst wird zur herrschenden Ontologie und mediatisiert die bisherigen Bezugsebenen des Künstlers, die »Leinwand«, die »Landschaft«, den »geographischen Raum«. Woran sich der Künstler abarbeitet, was er als Widerpart seines Arbeitens wählt, ist zweitrangig. Der technisch mediale Raum wird zur Realität aller Realitäten und zum eigentlichen Ort der Kunst, wie auch des Nachdenkens über die Welt – bzw. der Philosophie. »Die Synthese von Kunst und Technologie ist die Herausforderung unserer Zeit . . . für die Bewahrung der Zukunft im kulturellen Bereich«, so lautet dies dann im Munde von Politikern.[10]

III.

Die vergessene »Natur«

Mit erstens: dem Stichwort der Mediengesellschaft, mit zweitens: der Überformung jeglicher politischer, ästhetischer oder lebensweltlicher »Kommunikation« durch die technische Verarbeitung von Information, und mit drittens: der theoretischen Auskunft, daß wir uns keiner ontologischen

9 Die Fortsetzung lautet: »Für die Künstler ist es allerdings nicht leicht, Zugang zu den modernen Netzwerken zu erhalten, die vor allem für das Militär, die Banken und die Industrieunternehmen reserviert sind.« (Fred Forest, »Die Ästhetik der Kommunikation – Thematisierung der Raum-Zeit oder der Kommunikation als der einen schönen Kunst« in: Rötzer [Anm. 4], S. 323 ff., hier S. 331.)

10 Lothar Späth, in: *Der Rotarier*, Baden-Württemberg, H. 3, März 1988, S. 189.

Täuschung hingäben, wenn wir Mediengeschehen und Realität gleichsetzen, sind wir am zeitgenössischen Gipfelpunkt des Verhältnisses von »ästhetischer« Korrespondenz einerseits und rationalisierter Kommunikation andererseits angelangt. Wir sind gleichzeitig – und das mag überraschen – bei der Frage nach der *Natur* angelangt, ohne die das Fragen nach der Kunst sinnlos bleibt: »Materie ist Information«, »Leben ist Information«, Kunstwerke in Stein und Öl sind »Informationsverlust«. Ein Künstler, der den »Derealisierungsschub« im technischen Raum übersieht und »Unendlichkeit am Rand des Endlichen« schaffen will, macht sich lächerlich. Die theoretische Konvergenz der Physiker, der Biologen, der Medientechniker und zuletzt der progressiven Kunsttheoretiker und Philosophen ist kein Zufall. Sie ist die Folge eines Horizontes, vor dem alles »Information« sein muß, um überhaupt zu sein.

Dagegen nun beginnt das ästhetische Denken heute – und sicher nicht ohne Grund – die Natur wieder ins Zentrum zu rücken. Man versteht die Notwendigkeit solch eines ästhetischen Engagements für Natur nur, wenn man es nicht vorschnell mit Fragen der traditionellen Naturästhetik, der Landschaftsästhetik oder des Gartenbaus gleichsetzt, sondern eine fundamentalere Situation ins Auge faßt, die durch die eben geschilderte Präsenz der Medien gesetzt ist.

Worauf es ankommt, ist die schon seit Kant reflektierte Situation, daß uns »Natur« gar nicht gegeben ist, sondern nur ein ganz bestimmtes, durch unsere Situation definiertes Naturverhältnis. Um daran zu erinnern: Wir ›haben‹ einerseits eine naturwissenschaftliche Interpretation von Natur, Natur als »Gesetzeszusammenhang« also, eine Perspektive, welche heute in ihrer gesellschaftlichen Form im allgemeinen Dienst an der Technik kulminiert und ihre Aussagen auf die Informationstheorie und ihre Medien zurichtet. Insofern ist Natur natürlich Information.

Aber wir haben Natur auch ästhetisch, d. h. als sublimiertes Sinnenerlebnis und mit-entwerfende Wahrnehmungstätigkeit, als Sonnenuntergang und Sternenhimmel, als Farbenspiel und Gestalt, als überwältigendes Schauspiel, als Atmosphäre und als Frage und Antwort unserer eigenen Physis. Ästhetische ›Wahrnehmungen‹ sind keine »Informationen«, sondern Geschehnisse, an denen wir in subjektiver Allgemeinheit entwerfend beteiligt und in die wir als Naturwesen inbegriffen bleiben, auch wenn andere diese Geschehnisse auf einer zweiten Ebene zur Information uminterpretieren können sollten.

Der ästhetische Vorgang mag der grundlegende sein und die Wissenschaft mag, wie Cassirer einmal bemerkte, die Schätze der mythischen und ästhetischen Korrespondenzen der Menschheit auf wissenschaftliche Weise bloß bewahrt haben. Dennoch haben wir *beides*, wenn auch zeitweise und fallweise differenziert – im Amalgam.

IV.

Ästhetische Korrespondenz – eine Erinnerung

»Erinnerung« nenne ich den Abschnitt über ästhetische Korrespondenz deshalb, weil der Gedanke nicht neu ist. Er hat eine Geschichte, die bei Aristoteles beginnt und bei Alexander Baumgartens Begriff des *felix ästheticus* neuzeitlich zum erstenmal systematisiert wird. Bei Ludwig Feuerbach wird ästhetische Korrespondenz im Begriff der »Liebe als sinnlicher Erkenntnis« ausgesprochen, und in Nietzsches Künstlermetaphysik treffen wir auf den Gedanken. Dilthey wies auf ihn, und der junge Lukács redet im Fragment der Heidelberger Ästhetik davon, daß der Künstler »produktiv und rezeptiv« zugleich sei. Der Topos der ästhetischen Korrespondenz wäre bei Heidegger wie bei Adorno und vielen anderen ästhetisch geprägten Denkern aufzusuchen. Man könnte von hier aus, statt bloß Geschichte zu betreiben, diese zu einer fruchtbaren Sache machen, zu einer Theorie der Wahrnehmung und Wirklichkeitserkenntnis in Form der ästhetischen Korrespondenz. Hilfestellungen könnte dabei neben den historischen Zeugnissen eine Theorie des intentionalen Fühlens (Scheler), des Ich-Erlebens und der Zuständlichkeit, wie deren Ausdrucksmöglichkeiten (Lipps, Volkelt) sein, kurzum, man müßte mit einem alten, von Schopenhauer geprägten Ausdruck über »Kunst als Erkenntnisart« sprechen, in einer Zeit, die vom Informationismus und von dessen spezifischen Formen der Rationalitätsgläubigkeit gekennzeichnet ist.

Ich will mich, statt hier weitläufig zu werden, einer erläuternden Typisierung bedienen, die Sie mir als werdende Künstler und Kunstwissenschaftler hoffentlich nicht übel nehmen, und da hier vor allem bildende Künstler versammelt sind, nehme ich ein Beispiel aus der Musik: Stellen wir uns vor, jemand lerne Klavier spielen. Sehen wir von technischen Aspekten, dem Befolgen bestimmter Phrasierungsregeln, Fragen der Fingertechnik, des Trainings oder einem ausgeklügelten Übungsprogramm ab. Worauf es dem künstlerischen Lehrer ankommt, der seinem Schüler »Klavier spielen« beibringen soll, ist doch vermutlich, wie dieser eine ganz bestimmte *Korrespondenz* erzeugen kann:

Was korrespondiert? – Beim Musiker wohl ein *Hören* und ein *Tun*, der *Musiker* spielt, indem er hört, und er hört, indem er spielt. Er hört nach *innen* und nach *außen*. Diese Abstimmung von zwei Fähigkeiten, deren eine, das »Hören«, sich genauso differenziert ausbildet wie die andere, das »Spielen«, sodann die Kombination der ›technischen‹ Bewegungsfähigkeit, die in Hunderten von Stunden aufgebaut wurde mit einem Geschehen, das zugleich wahrgenommen und ausgedrückt wird – dies sind nur unvollkommene Unterscheidungen in einem komplexen ›Wahrnehmungsvorgang als Ausdruck‹ –, einer entwerfenden Selbstwahrnehmung, die durch die Verschmelzung von leiblich sensiblen und intellektuell wahrnehmenden, wie technischen Fähigkeiten zu einem *einzigen* Geschehen verbunden wird, der vom »Leib« des Musikers mitgetragenen »Musik«. Das Erzeugen dieser Wahrnehmungsfähigkeit im Sinne produktiver Selbstwahrnehmung wäre nach optimalen Gesichtspunkten das Ziel einer *Bildung* zum künstlerischen Musiker.

Man mag diese Hinweise für trivial halten, aber sie sind erinnerungswürdig, da sie selten Gegenstand der traditionellen Beurteilungsästhetiken und kaum Gegenstand der Kunsthistorie als wissenschaftlicher *écriture* sind: Die Fähigkeit zur ästhetischen Korrespondenz erreicht der Schüler nicht, indem er Einzelaspekte seines Könnens ausbildet, etwa ein immer besserer »Techniker« wird, hohen Kenntnisstand in der Literatur seines Gebietes erreicht oder das Stadium der Virtuosität. Er lernt sie bekanntlich anders, schon frühzeitig und an technisch vergleichsweise einfachen Stücken. Das künstlerische »Üben« ist – nicht nur in der Musik, sondern zum Beispiel auch in der philosophischen Hermeneutik – eine Art paradoxer Verstehenszwang, bei dem sich durch die ›Übung‹ eine Wahrnehmungshaltung einstellt, die im Verlauf, d. h. in Tätigkeit versetzt – mimetisch produktiv wird.

Wer künstlerisches Üben kennt, weiß, daß es aus einem bis zum schieren Widersinn getriebenen Aufnehmen eines als »gemeint« interpretierten Sinnes durch Wiederholung, Rückversicherung, erneute Hinwendung usf. besteht, so lange, bis alles »Verstandene« und »Begriffene« und »Wahrgenommene« in den Ausdruckshabitus übergegangen und zur ›zweiten‹ Natur geworden ist. Dies ist auch der Grund, warum der begabte Hobbyist eben kein »Künstler« ist, sondern höchstens ein liebenswerter Dilettant, oder warum es der Künstler vielleicht einfach nicht übers »Herz« bringt, eine akademisch verwertbare Arbeit über Marienaltäre des 15. Jahrhunderts zu schreiben, wenn ihm anderes am ›Herzen‹ liegt. Hier liegt der Grund, aus dem an Akademien so viel gute Kopisten eines bestimmten wissenschaftlichen Stils ausgebildet werden, statt wahrnehmungsfähige und bildkräftige Menschen.

Der künstlerische Vorgang ist also einerseits ein Akt des leiblichen Verstehens durch Nachvollzug von etwas als *gemeint* Vorausgesetztem, bis das Gemeinte sich zum ›Ausdruck‹ gesteigert hat. Andererseits geht es dabei auch um jene Fähigkeit, die Nietzsche im hier gegebenen Anfangszitat als »Vermehrung lebendiger Natur« bezeichnete. Ästhetische Korrespondenz ist nicht einfach ein »Verarbeiten« von etwas informationell Vorgegebenem und dem anschließenden Verfertigen im Rahmen eines Konzepts. Sie ist vielmehr eine permanente Suche nach Referenz angesichts einer Vorlage (eines Beispiels, einer Tradition, einer Wahrnehmung ...), ein ins Psychophysische hineingenommenes Agieren »als ob«, ein Verstehen, welches den ›Anspruch‹ der betreffenden künstlerischen Kultur repräsentiert und weiterbildet, aber zugleich auch (etwa beim Publikum) herausfordert.

Das Wesentliche am Herausforderungscharakter künstlerischen Geschehens scheint mir, daß das Ergebnis der künstlerischen Bemühung nie direkt angesteuert werden kann und so bisweilen zur Verärgerung der »Wissenschaftler« führt, die dann vielleicht wissen wollen, ›zu welchem Zweck‹ dies oder jenes erzählt, gemacht, getan wird. Wie nebenbei erreichen Künstler das Ziel. – Künstler-Sein ist daher öfter als »implizites Wissen« bezeichnet worden, das durch explizite Bemühung zwar hervorgerufen oder ermöglicht wird, wie das berühmte Aristotelische Glücklichsein, aber gerade nicht dort angetroffen wird, wo man es vorbereitet.[11]

Angesichts verschiedener Defizite der philosophischen Ästhetik als einer traditionell kommunikativ strukturierten Urteilswissenschaft über Kunstwerke, Ausstellungen und sonstige konzeptionelle Unternehmungen, müßte man vielleicht einmal überlegen, ob man »Ästhetik« in Zukunft nicht

11 Gernot Böhme ging in diesem Zusammenhang sogar so weit, zu sagen, daß die künstlerische Gesamtarbeit zuletzt nur dem Erzeugen von Atmosphäre diene, daß das Künstlerische, auf das es ankäme, ein »tacid knowledge« wäre (»Atmosphäre als Grundbegriff einer neuen Ästhetik«, in: *Kunstforum International* 120, 1992, S. 247–255).

auch als Lehre von der schöpferischen Wahrnehmung, und dies heißt, von der *ästhetischen Korrespondenz* betreiben kann. »Ästhetische Korrespondenz« kann nur schlecht informationell rekonstruiert oder historisch beschrieben werden. Es ist dabei wie mit Hegels Kritik an Kant. Man kann eben schlecht vorher das Instrumentarium verfertigen und nachher »mit Spießen und Stangen« auf die Wahrheit losgehen. Ästhetische Korrespondenz ist eher eine Relation, ein Ausdruck, der zugleich einen »Anspruch« birgt, etwas nie ganz Einlösbares, das die *Situation* des Künstlers im präsentisch Kontemplativen hält und die Einordnung in einen sozialwissenschaftlichen oder informationellen Diskurs eben deswegen immer äußerlich erscheinen läßt.

Der »Anspruch«

Anspruch ist im Rahmen der Kunst die Vorbedingung der Qualität. Anspruch mag eingelöst sein oder nicht, erkennbar sein oder nicht, vom Publikum wahrgenommen werden oder nicht; er ist jedenfalls ein Maß, das sich auf Kunst und künstlerischen Ausdruck bezieht. Um dies zu erkennen, brauchen wir nur unser alltägliches Reden über Kunstwerke und über Künstler mithören. Der ›Anspruch‹, auf den es in einer Theorie der ästhetischen Korrespondenz ankäme, wäre nicht körperlos oder als abstrakte Haltung, Perspektive, theoretische Reflektiertheit oder klassische Norm zu bestimmen. Er wäre vielmehr leiblich zu lesen, d. h. als Motiv auf verschiedenen Ebenen. Um dies zu erläutern, sei an John Cage erinnert. John Cage wurde bekannt dafür, daß er hinter die vorgefertigten Beziehungen der Tonalität und hinter die traditionellen Rezeptionsbeziehungen von Komponist, Interpret und Hörer gelangen wollte, ohne Anspruch aufzugeben, d. h., er konzipierte einen Anspruch außerhalb gewöhnlicher Rezeptionsbedingungen. Er schuf zu diesem Zweck unter anderem ein präpariertes Klavier, das die Klangentwicklung beim Spielen nicht mehr eindeutig vorhersehbar machte, so daß der Spieler im Rahmen einer Gesamtkonzeption, also einer geforderten, immer wieder neu herzustellenden »ästhetischen Korrespondenz«, gewissermaßen mit einer fließenden Situation fertigwerden, d. h. jederzeit einem Anspruch gerecht werden mußte.

Auch die »Live electronic music«, eine Komposition, wie die *Imaginary Landscape Nr. 1* für zwei Plattenspieler mit veränderbarer Geschwindigkeit, Aufnahmen von Sinustönen verschiedener Frequenz, Piano, Becken usf., die gewissermaßen ›wie Instrumente‹ zu bedienen waren, ist nichts anderes als die zugegebenermaßen sehr intellektuell gefaßte künstlerische Frage nach der ästhetischen Korrespondenz, der Versuch, sich der musikalischen Konfektion zu entledigen, die sich längst über das ästhetische Grundgeschehen aus Produktion und Rezeption gelegt und den Anspruch konventionalisiert hat. *Zwischen* diesem Korrespondenzgeschehen und der »Konventionalisierung« (d. h. den Instrumenten, den Techniken des Musikers, dem Publikum, den Rezensenten) spielte sich so ein Geschehen ein, in dem sich der Musiker jederzeit – als Interpret im Genügen des eigenen Anspruchs – bewähren mußte.

Die Unfaßbarkeit des ästhetischen Anspruchs – und damit die Probleme des Wissenschaftlers mit ihm – wie auch die bei Nietzsche konstatierte »Todfeindschaft« – hängen nun damit zusammen, daß der ästhetische Anspruch einen Aspekt hat, den der Wissenschaftler am liebsten aus seinem Konzept verbannen möchte, oder anders, einen Aspekt, den er nicht erfaßt und deswegen am liebsten »tötet«, d. h. verleugnet. – Am typisierten Beispiel ausgeführt: Ein (idealer) Musiker ›hört‹ ja zum Beispiel nicht ›vorher‹, oder wenn er das Notenblatt sieht, sondern *indem* er spielt. Er hört nicht nur eine Tonfolge, die er zu reproduzieren, oder eine Kritikermeinung, der er zu entsprechen hat, sondern er hört vor allem die »Musik«, der er Ausdruck zu verleihen hat. Er würde das Notenblatt also lesen, *als ob* er es spielte, so wie ein Maler einen Menschen betrachtet, als ob er ihn malte, oder ein Schriftsteller sich eine Geschichte anhört oder sie liest, als ob er sie schreiben würde. – Anders ausgedrückt: Der Künstler arbeitet (im Idealfall) anspruchsvoll *von sich* als Künstler her und »wächst« dabei. Er arbeitet nicht als jemand, der anderen Ansprüchen – etwa der Kritik – genügt oder seine Ansprüche an anderen ausrichtet. Der Anspruch ist vielmehr das, was er an sich selber richtet, was er verkörpert und somit unabänderlich ist.

So »hört« der Musiker die Bedeutung seiner Musik im Weltklang aller Musik. Er hört ihren Rang, ihre Stellung, ihre Stimmung. Er ist sich der atmosphärischen und tonalen Korrespondenzen bestimmter Phrasen und Themen zu anderen Stücken bewußt, er weiß, welcher Auffassung bestimmte Wissenschaftler von seiner Tätigkeit und von eben dieser seiner Musik haben, und er hat Formen des Ausdrucks entwikkelt, um dem Verhältnis zwischen Konfektionalität und ästhetischem Geschehen zu entgehen.[12] Er hat damit Anteil an aller Musik – nicht weil er besser hört oder weil er ein großes Genie ist, sondern weil er wahrnimmt und ausdrückt *zugleich*, bzw. weil er »im Werk« ist. Im Werk sein ist etwas anderes, als z. B. als Autor eines Buches zu gelten. Es ist eher übersetzbar mit »bei der Arbeit sein«, ästhetisch wahrnehmen, bzw. *korrespondieren*.

»Ästhetische Korrespondenz« ist also nicht einfach bloß ein Vermittlungsgeschick von Information und Produktion oder ein spezifischer Wahrnehmungsmodus, sondern die Fähigkeit, aus dem allgemeinen Geschehen einen *ästhetischen Anspruch* wahrzunehmen und diesem wieder Aus-

12 John Cage wollte nach eigenem Bekunden zur »Natur« der Tonalität, indem er das Tonalsystem zum Verschwinden brachte, er wollte die Reduktion auf reine Korrespondenz in ihrer effektiven, punktuellen Augenblicklichkeit, indem er die Komposition und das Finish eines ›Werkes‹ aus vorgefertigten Versatzstücken verunmöglichte. Man braucht die Musik von John Cage nicht schön, ja man muß nicht einmal seine Versuche als besonders erfolgreich ansehen, um dennoch den hier sich zeigenden Anspruch zu akzeptieren.

druck zu verleihen, jene ferne Nachbildung des Geschehens der Welt, von der die Romantiker reden, wenn sie auf den Kernbestand der Kunst hinweisen. – »Kunst« ist also strukturell die aufrechterhaltene Spannung dessen, der durch sein Hantieren mit etwas auf eine Verbindung mit einem Größeren im Sinne des für sich gültigen Anspruchs hinweist. – Im Falle des John Cage wäre das etwa das Geschehen einer Großstadt, dem er mit seinem Schlagzeugorchester entsprechen will. Petrarca schrieb seine Liebesgedichte bekanntlich nicht *an* Beatrice; er schrieb sie angesichts seiner Liebe zu Beatrice; Brecht schrieb einmal ein Gedicht, das hieß das »Lob der dritten Sache«. Es beschreibt die Beziehung zwischen Menschen angesichts des sie verbindenden Glaubens an den politischen Fortschritt. – Ästhetische Korrespondenz, und es geht in all diesen Fällen darum, ist eine *dreiwertige* Relation gegenüber der prinzipiell *zweiwertigen* Relation der »Information«.

Ein »neues« ästhetisches Denken als Korrespondenz?

Ein Nachdenken, das sich an den Beziehungen der ästhetischen *Korrespondenz* orientiert und deren Bedingungen zu formulieren sucht, kann man »ästhetisches Denken« nennen. Man kann es als Denken der Korrespondenz dem technischen (instrumentellen) oder dem ethischen (im Sinne der Verantwortungsethik) Denken gegenüberstellen. Damit kann man es als Nachdenken über die Kunst auch von einer Reihe kunstwissenschaftlicher oder kunsthistorischer Auffassungen und auch vom allgemeinen Informationismus der heutigen ›Kunstwissenschaftskunst‹ unterscheiden. Ästhetische Korrespondenz ist nicht notwendig das, was wir gesellschaftlich als »Kunst« eingliedern und vermarkten, sie läuft nur in vieler Hinsicht darauf hinaus und entnimmt ihr gern Beispiele, wenn sie sich diskursiv oder informationell bewegen muß. – »Wissenschaftliches« Denken mag unverzichtbar für zweckorientierte wissenschaftsgeleitete Aktivität, für das Verstehen von Zusammenhängen, den technischen Fortschritt und für die Fortschreibung der Geschichte zur Freiheit sein, soweit wir an diese Dinge glauben. Doch gerade weil heute bereits institutionalisiert und informatisiert abläuft, was ehemals im Kopf präsent zu sein hatte, gerade weil der technische Raum heute zur Lebenswelt geworden ist und keine philosophischen Lordsiegelbewahrer mehr braucht, sind wir auf ein Nachdenken über ästhetische Korrespondenz und deren Bedingungen angewiesen – als Kunst im technischen Raum.

»Ästhetisches Denken« wird nun heute in mehrerlei Sinn propagiert. Einen ersten neuzeitlichen Versuch, gewissermaßen einen Logos der Aisthesis darzustellen, gab es bei Alexander Baumgarten. Der meines Wissens jüngste Versuch, »ästhetisches Denken« als Gegenmittel zum Terror der alltäglichen Anästhesierung zu propagieren, stammt von Wolfgang Welsch. Bei Gernot Böhme wird in diesem Zusammenhang eine neue Ästhetik der »Atmosphären« angeboten, die er zum Grundbegriff – allerdings auf empirischer Basis – machen will. Bei Rudolf zur Lippe gibt es seit längerer Zeit den Versuch, ästhetische Fragen auf Fragen sinnlicher Korrespondenzen zurückzuführen. Es wird also allenthalben deutlich, daß sich die Wahrnehmung für Korrespondenzweisen schärft, auf primäre Erfahrung zurückgreift, auf die Erfahrung des »Künstlers«, der Leiblichkeit, der Atmosphäre und ähnliche Bereiche.

Meine Suche nach dem Sinn von ästhetischer Korrespondenz als Erkenntnisart kann sich mit diesen Versuchen verbünden. Es gibt allerdings Differenzen. Zum einen: Ästhetische Korrespondenz ist eine *dreiwertige* Relation und birgt den Gedanken des Anspruchs. Es darf also nicht, wie fast überall noch immer gang und gäbe, mit dem Reden über Kommunikation vermengt werden. Das Kommunikationsreden führt allem Anschein nach unweigerlich in die Thematik des technischen Informationsgeschehens und in jenen schwammigen

Technologiefuturismus, der die Medien, wie auch die selbsternannten Medienphilosophen überfordert. Umgekehrt muß ästhetisches Denken natürlich trotzdem ein Denken ›im technischen Raum‹ sein, d.h., es muß die Tatsache spiegeln, daß es die Komplementärseite unseres technischen Naturverhältnisses (und nicht dessen Alternative oder dessen informationelles Hypergeschehen) ist.

Deswegen aber hat ästhetisches Denken kein technologischer Futurismus zu sein. Es muß vielmehr ein Denken über Natur und Naturkorrespondenz sein. Es muß also eine neue »Naturästhetik« entwickeln, die dem Anspruch des *technischen* Gegebenseins von Natur genügt und nicht einfach die naturästhetische Geschichte des 18. und 19. Jahrhunderts weiterschreibt, um sie naiv und sehr ungefähr »gegen« die Technik zu setzen. – »Natur« darf also *nicht* als Phänomenbereich verstanden werden, dem man sich einerseits technisch und andererseits ästhetisch interpretierend nähern könnte. Als Fall der Interpretation ist Natur vielmehr immer auch ein Fall der Allianz von technischer *und* ästhetischer Perspektive. Ohne Technik und ihre Allianzen gibt es keine Ästhetik, genauer gesagt, wäre »Naturästhetik« ein reiner Akademismus.

Ästhetisches Denken hat weiterhin zu sein: ein Nach-Denken der Bedingungen für ästhetische Korrespondenz im Zusammenhang mit dem, was uns als technische Lebenswelt umgibt. Es betrifft dabei zugleich das Geheimnis der menschlichen Begegnung wie der Kunst, der Liebe wie der Musik oder die Bedingungen der Festlichkeit. Es fragt nach Phantasiereichtum und Lernbegabung, Wahrnehmungsschärfe und der Fähigkeit wahrhaftiger Erinnerung, nach Mut, Geduld und Schönheitssinn wie nach Liebes- und Konfliktbefähigung. Es macht sich also auf die Spur jener Dinge, deren Ausdruck seit jeher von *semantischer Inadäquatheit* geprägt ist. Die Atmosphäre bestimmter Naturszenerien, die Aura der Intimität, des Verlangens oder des Schmerzes widersteht »kommunikativer« oder informationeller

Umsetzung in Sprache: »Die einzig angemessene Antwort auf Helenas Geheimnis ihrer Schönheit und die Woge des Eros in ihren Schritten ist nicht Reden, sondern Schweigen« heißt es bei George Steiner[13], und dennoch, so fährt er fort, schweigen wir nicht und wurde das Sprechen von jeher versucht. Das angemessenste Sprechen aber wäre der Versuch der ästhetischen Korrespondenz.

V.

Ästhetische Korrespondenz und wissenschaftlicher Stil?

Jetzt stünde eigentlich ein Beispiel an, ein Fall ästhetischer Korrespondenz, zu dem ich ausholen müßte. Ich habe dies an anderer Stelle getan und will statt dessen mit einem historischen Fall schließen, mit einem bezeichnenden Fragment, das die erwähnte Sprachlosigkeit angesichts schöner Natur aufnimmt. Es kann zeigen, was jener »Anspruch« bedeuten mag, um den es im Fall ästhetischer Korrespondenz geht. Das Fragment stammt aus Nietzsches *Morgenröthe*:

»Hier ist das Meer, hier können wir der Stadt vergessen. Zwar lärmen eben jetzt noch ihre Glocken das Ave Maria – es ist jener düstere und thörichte, aber süsse Lärm am Kreuzwege von Tag und Nacht –, aber nur noch einen Augenblick! Jetzt schweigt Alles! Das Meer liegt bleich und glänzend da, es kann nicht reden. Der Himmel spielt sein ewiges stummes Abendspiel mit rothen, gelben, grünen Farben, er kann nicht reden. Die kleinen Klippen und Felsenbänder, welche in's Meer hinauslaufen, wie um den Ort zu finden, wo es am einsamsten ist, sie können alle nicht reden. Diese ungeheure Stummheit, die uns plötzlich überfällt, ist schön und grausenhaft, das Herz schwillt dabei. – Oh der Gleissnerei dieser stummen Schönheit! Wie gut könnte sie reden, und wie böse

13 George Steiner, *Von realer Gegenwart*, München 1990, S. 122.

auch, wenn sie wollte! [...] Aber ich bemitleide dich, Natur, weil du schweigen musst, auch wenn es nur deine Bosheit ist, die dir die Zunge bindet: ja, ich bemitleide dich um deiner Bosheit willen!«[14]

Das Meer kann nicht reden, der Abend nicht, die kleinen Klippen und Felsenbänder, die ins Meer hinauslaufen, sie alle können nicht reden, aber Nietzsche kann es, so fällt uns beiläufig auf. Die Szene wird zunächst poetisch hingemalt; von einem Punkt ab wird sie jedoch abstrakt, sie gleitet ins Reflektieren, mutet schließlich anthropomorph zerredet an: »Ich bemitleide Dich, Natur, weil Du schweigen musst.« Das »schwellende Herz«, die moralisierende Rede von der stummen Gleisnerei, der Bosheit, dem Mitleid ... die Umdeutung des Stummseins in Schweigenmüssen, in Schweigen-*wollen* schließlich, die Hilflosigkeit des Theoretikers, der sich dem Poeten obenaufsetzen muß, der interpretiert und fragt und wieder interpretiert – und doch zu nichts kommt, als zu einer erneuten Anthropomorphisierung – »Oh, Natur!«

Nietzsche bemerkt diese Unzulänglichkeiten natürlich. Die Passage lautet weiter: »Ach, es wird noch stiller, und noch einmal schwillt das Herz: es erschrickt vor einer neuen Wahrheit, es kann auch nicht reden, es spottet selber mit, wenn der Mund Etwas in diese Schönheit hinausruft, es geniesst selber seine süsse Bosheit des Schweigens. Das Sprechen, ja das Denken wird mir verhasst: höre ich denn nicht hinter jedem Wort den Irrthum, die Einbildung, den Wahngeist lachen? Muss ich nicht meines Mitleidens spotten? Meines Spottes spotten? – Oh Meer! Oh Abend! Ihr seid schlimme Lehrmeister! Ihr lehrt den Menschen aufhören, Mensch zu sein! Soll er sich euch hingeben? Soll er werden, wie ihr es jetzt seid, bleich, glänzend, stumm, ungeheuer, über sich selber ruhend? Über sich selber erhaben?«

Das Überständige des Sprechens und Denkens, der Rückzug aufs Herz, die Distanzierung vom Mund, der ins Schweigen

14 Nietzsche, *Morgenröthe*; KSA III, S. 259.

der Schönheit hineinplappert – »das Sprechen, ja das Denken wird mir verhasst« –, dies alles erkennt der Philosoph und spricht und spricht und folgert, erklärt und fragt: »Oh Meer! Oh Abend!« – Ja schweig doch schon!, möchte man rufen. Aber er *kann* es nicht, fragt zur Sicherheit noch einmal nach: »Soll ich mich euch hingeben? Soll der Mensch werden, wie ihr es jetzt seid, bleich, glänzend, stumm . . .?«

Das Aufdringliche, die fehlende Noblesse, die sich in einer nicht notwendigen, zuletzt sogar ins Didaktische, den Leser erniedrigenden Geschwätzigkeit zeigt, ist tatsächlich das formale Pendant zum ständig durch Nietzsches Schriften präsenten Pathos der Schweigsamkeit als existentieller Aristokratie. Als »Machtmittel, vermöge dessen eine stärkere Art sich erhält«, hatte er Schweigen und das »Pathos der Distanz« bezeichnet. Ach wie gerne würde er schweigen, wenn er damit nach wie vor etwas *mitteilen* könnte.

Nietzsche löst das Problem, hier in der *Morgenröthe* notdürftig durch ein didaktisch aufbereitetes Selbsteingeständnis, im später geschriebenen *Zarathustra* wesentlich geschickter: Die Wahrheit ist dort ein kleines Kind, dem der Mund zugehalten werden muß. Schweigen ist Reinheit, und »die Reinsten sollen der Erde Herrn sein, die Unerkanntesten, Stärksten«. Das Problem, daß dem kleinen Kind der Mund nicht zugehalten werden kann, daß der reflektierende, »Wahrheiten« produzierende Philosoph nicht »rein« bleiben kann, daß er nicht einmal so »rein« bleiben kann, wie ein Dichter, führt konzeptuell zur Zarathustragestalt. In Wüsten und auf Bergen hält Zarathustra sich auf, ja zur Landschaft wird Zarathustra. Und wie schweigsam sind Steine und Höhlen und Berge. Wie schweigsam ist – Landschaft.

Stille, Schweigen, Verschwiegenheit, Weltgeheimnis, aber auch die Verkündung dieses Weltgeheimnisses fallen geradezu symptomatisch zusammen. Es ist der spürbare Anspruch ästhetischer Korrespondenz, und es ist zugleich ein Beleg für die bleibende semantische Inadäquatheit solcher Fälle – beides ineinander übergehend. »Nichts verschwieg

ich Euch, meine Freunde – Aber auch dieses hörtet Ihr von mir, wer immer noch aller Menschen Verschwiegenster ist – und sein will« (*Zarathustra*).
Ästhetisches Denken sei ein Denken der Korrespondenz, sagten wir, und es unterscheidet sich von einem Denken in Diskursen und einem Denken in Informationsfuturismen. Ästhetische Korrespondenz kann Schweigen sein. Angesichts des Hinweises auf Natur, Naturschönes und dergleichen wird klar, was *Anspruch* im Rahmen ästhetischer Korrespondenz ist. Hannes Böhringer wies am Ende einer kunstästhetischen Betrachtung einmal darauf hin, daß keine auch noch so gute Klanginstallation ästhetisch an das Geräusch herankomme, das Bäume im Wind verursachen. Angesichts des Interpretationszusammenhanges »Natur« wird deutlich – daß ästhetisches Denken zur Korrespondenz werden muß, daß es zu einem Stil der Korrespondenz werden muß, genauer zu – einerseits »ästhetischem Denken«, welches aber – andererseits »im technischen Raum« seinen logischen Ort hat. Es muß also die Tatsache spiegeln, daß es die Komplementärseite unseres Naturverhältnisses und dessen medialer Aufsplitterung und nicht etwa dessen informationelles Hypergeschehen oder gar Krönung ist. – Ästhetisches Denken ist Nach-Denken der Bedingungen für ästhetische Korrespondenz im Zusammenhang mit dem, was uns als »technische Lebenswelt« wie auch »Natur« umgibt, es ist der Versuch, mit der Tatsache zurechtzukommen, daß es dabei immer irgendwo hapert. Es ist also immer auch der Versuch zur Korrespondenz mit Wahrheit an der Stelle ihres Zustandekommens – der bleibende Anspruch primären Sprechens, der in den Lectures des akademischen Betriebs so leicht zum Verschwinden gebracht wird.

Atmosphären

Über einen vergessenen Gegenstand des guten Geschmacks

I.

Das Zeitalter des guten Geschmacks ist vorbei

Im Anschluß an einen Vortrag über das Ende des guten Geschmacks[1] stellte Lucius Burckhardt unlängst eine bezeichnende Frage. Sie betraf die Möglichkeit einer ästhetischen Verständigung in der Situation subkultureller Aufsplitterung. Die Frage ist typisch für eine Problemlage, die in den letzten Jahren in fast jeder Sparte des intellektuellen Gesprächs auftrat und unter der Bezeichnung der »postmodernen Beliebigkeit« Wellen schlug. Zum Argumentationsgang:

Das Geschmacksurteil, so beginnt Burckhardt, ist bekanntlich subjektiv allgemein, d. h., es wird seit Kant so gefaßt, daß man zwar einerseits über Geschmack nicht zu streiten braucht (weil er auf subjektivem Wohlgefallen beruht), andererseits aber sehr wohl über die Bedingungen und Grundlagen ästhetischer Urteile streiten sollte, insofern sie ja Anspruch auf Beistimmung eines jeden machen, also auf Allgemeinheit reflektieren. Aufschlußreich wird diese Unterscheidung nun, wenn jemand behauptet, er verfüge aufgrund bestimmter Einsichten über den richtigen, bzw. »guten« Geschmack, während die ästhetischen Vorstellungen, Stilauffassungen und Wertepräferenzen anderer nur eine vorübergehende »Mode« seien.

1 Lucius Burckhardt, »Der gute Geschmack«, Vortrag auf der Tagung »Der Gute Geschmack – Zeitloses Kriterium oder Urteilsweise« des Schweizerischen Werkbundes, publ. in: *Stilwandel*, hrsg. von Bazon Brock und Ulrich Reck, Köln 1986, hier zit. nach der Reprintreihe der Gesamthochschule Kassel, Fachbereich 13, Nr. 03.

Historisch steht dies zur Debatte, wenn die bürgerliche Klasse zu Beginn des 18. Jahrhunderts anfängt, sich als Träger allgemeiner öffentlicher Urteilsfähigkeit zu etablieren, und das heißt zunächst, daß sie sich ein Geschmacksurteil gegenüber jenen Schichten zubilligt, die bisher dominierten. Was der Adel an Prunk und festlicher Entfaltung aufführte, um vor dem Volk zu repräsentieren (man denke an ein barockes Gartenfest), das deklarierten die Protagonisten des bürgerlichen Stils im 18. und 19. Jahrhundert als geschmacklos und peinlich. Das Bürgertum selbst propagierte Schlichtheit, sparsamen Schmuck in Verbindung mit Nützlichkeit (man denke an Rousseaus Lob des nützlichen Gartens in der *Neuen Heloise* oder an Goethes *Wilhelm Meister*). Was den Dritten Stand betraf – auch von ihm hatte man sich ja abzugrenzen – so erschien er als roh und unsensibel. »Le goût, c'est le dégoût ... we are different ... wir sind anders.« Der »gute« Geschmack fängt nicht mit theoretischen Begründungen an, sondern mit der Distanz des Bürgers zu dem, was er *nicht* ist und nicht sein will. Die intellektuelle Debatte überhöht dann die neu gefundene Identität ins zeitlos Allgemeine – Geschmack als Achtung fürs Sublime steht im Gleichklang mit dem *moral sense* (Hutcheson) und trifft sich in der berühmtem Königsberger Verbindung von bestirntem Himmel und kategorischem Imperativ schließlich mit der Achtung fürs Vernunftgesetz.

Unter einer historischen Perspektive fällt diese Identitätsbildung, wie natürlich auch ihre überhistorische Erhöhung, in sich zusammen. Der Moralismus der bürgerlichen Geschmacksattitüde wird schließlich als genauso peinlich empfunden, wie die Bürger einstmals die Festivalgesinnung des Adels für degoutant und den Ehrenpunkt vielleicht gerade noch für tragikomisch hielten. Die Relativierung des bürgerlichen Geschmacks als des »guten« (im doppelten Sinne) wird mit Rekurs auf die Renaissance im 19. Jahrhundert – etwa bei Nietzsche – ein intellektueller Topos und endet in den vorgeblichen Geschmacksrevolutionen des 20. Jahrhunderts.

»Vorgeblich« nenne ich diese Geschmacksrevolutionen, weil sie in aller Radikalität – nehmen wir etwa die Architektur der zwanziger und dreißiger Jahre unseres Jahrhunderts als herausragendes Beispiel – letzten Endes doch immer wieder auf der Basis der bürgerlichen Auffassungen vom »guten« Geschmack, bzw. auf Überzeugungen der europäischen Moderne ruhten. Robert Venturi zum Beispiel zeigte, daß Le Corbusier, Mies van der Rohe, oder auch noch Frank Lloyd Wright zwar voll und ganz mit dem Alten zu brechen scheinen. Doch bauen die Neuerer nach theoretischen Grundsätzen, die zweihundert Jahre alt sind: Frank Lloyd Wright hat sich das Motto von Mozarts Zauberflöte erwählt: »Wahrheit, und sei es gegen eine Welt von Feinden«.[2] Le Corbusier verwirklichte seinem Bekenntnis nach »Visionen einer Einfachheit, *so tief und universell* [Herv. d. Verf.] [...], daß daraufhin Denken und Kultur der modernen Welt sich ändern, vertiefen würden müssen.«[3]

Inzwischen hat es offenbar tatsächlich so etwas wie eine »Revolution« der Ansichten gegeben, formuliert doch Venturi selbst: »Ich stelle die Vielfalt der Meinung höher als die Klarheit der Meinungen; die latenten Bedeutungen halte ich für ebenso wichtig wie die manifesten. Ich bevorzuge das ›Beide zusammen‹ vor dem Entweder–Oder; das ›Schwarz und Weiß‹ und manchmal auch Grau, vor dem ›Schwarz oder Weiß‹.«[4] – Lucius Burckhardt jedenfalls folgert, daß das Zeitalter des »guten Geschmacks« heute tatsächlich vorbei sei, nicht weil Geschmack sich wieder einmal gewandelt habe, sondern weil eine tiefersitzende »Überzeugung« der Mo-

2 Frank Lloyd Wright in: Edgar Kaufmann (Hrsg.), *An American Architecture*, New York 1955, S. 207, zit. nach: Robert Venturi, »Komplexität und Widerspruch in der Architektur«, in: Wolfgang Welsch (Hrsg.), *Wege aus der Moderne*, Weinheim 1988, S. 81.

3 Le Corbusier, *Towards a New Architecture* (1927); zit. nach: Venturi (Anm. 2), S. 31.

4 Vgl. Venturi (Anm. 2), S. 80.

derne verschwunden sei, nämlich die, daß eine Gruppe aus Gründen höherer Einsicht, Bildung oder Sensibilität avantgardistisch einen Stil prägen und den Rest der Menschheit dazu verpflichten könne. »Wir behaupten, daß sich die Geschmacksveränderung nicht mehr pyramidenförmig von einer Spitzengruppe in die unteren Schichten bewegt, sondern daß wir eine in Subkulturen mit eigenen Symbolsystemen zerfallene Gesellschaft bilden.«[5]

Es hat heute, so Burckhardt, wenig Sinn, zwischen »Elitegeschmack« und »Massengeschmack« zu unterscheiden, zwischen Jugendmode und klassischer Mode, zwischen »Hochkultur« und »Subkultur«. Das Problem der Geschmacksdifferenz ist heute vielmehr das »sich abtrennender kultureller, subkultureller Gruppen, wobei innerhalb dieses Spektrums für einen neutralen Beobachter die Hochkultur eine Subkultur ist«.[6]

Dies also ist die vielgescholtene »postmoderne Beliebigkeit«. Sie propagiert die »Hochkultur« für einen »neutralen Beobachter« (das ist offenbar der Verfasser) als von der Subkultur nicht mehr unterscheidbar. – Die Angelegenheit wäre nun nicht weiter interessant, wenn sie bei Burckhardt nicht sogleich auf bezeichnende Weise in ihr Gegenteil umschlagen würde und damit zeigt, daß das Schlagwort von der postmodernen Beliebigkeit bestenfalls eine Halbwahrheit war. Daß das Zeitalter des »guten Geschmacks« vorbei ist, bedeutet nämlich nicht, daß es keine Kriterien für Geschmacksangelegenheiten gäbe. Sie liegen nur anders und relativieren eben dadurch, *wie* sie liegen, den Bestand an ästhetischen Verbindlichkeiten. Burckhardt zielt auf den Sachverhalt mit jener Frage, auf die es mir im weiteren Zusammenhang nun ankommt:

Woher rührt es denn, daß sich die erwähnten subkulturellen Gruppen untereinander offenbar recht gut *verstehen*, daß sie

5 Burckhardt (Anm. 1), S. 8.
6 Ebd.

also zum Beispiel ihre »Symbole« austauschen, daß die eine die Kleidermode der anderen übernimmt und sie uminterpretiert, daß eine weitere die Musik der anderen übernimmt, sie variiert und bereichert, daß etwa in der Architektur die Säule, der Schlußstein und andere Elemente der Baugeschichte in neuen Kontexten zu neuen »Aussagen« werden, so daß im ganzen genommen also zwischen verschiedenen subkulturellen Gruppen nicht nur Nachvollzug und Kopie, sondern Improvisation, Auseinandersetzung, Kampf, Zitat und Ironie ein schöpferisches Spiel zustandebringen?
»Wir verstehen die fremden Symbolsysteme so gut, daß wir sogar ihre Anwendung in der fremden Gruppe beurteilen können. Wir können sagen: Ich kleide mich zwar ohnehin ganz anders als Mrs. Thatcher, aber wenn ich mich so kleiden würde wie sie, so würde ich die Haare etwas dezenter färben. [. . .] Dadurch daß wir auch die Sprachen der Anderen verstehen, wird erst die Verwendung der geliehenen Symbole in unserer Subkultur inhaltsreich und doppelbödig [. . .] hier liegt [. . .] der Spaß am Postmodernismus.«[7] »Ist es womöglich«, so schließt die Überlegung, »daß Subkulturen in einer Art Supersprache miteinander dialogisieren? – Gibt es eine Supersprache?«
Die Frage nach der »Supersprache« ersetzt, so ist leicht einzusehen, den Verlust des klassischen Allgemeinheitsanspruchs, der gerade noch aufgegeben schien. Sie sucht die Leerstelle, die durch das Relativieren der »Hochkultur« als allgemeiner Bezugsebene entstanden ist, zu ersetzen; anders ausgedrückt; der symboltheoretisch argumentierende Theoretiker Burckhardt gerät im Zeitalter »nach« dem guten Geschmack ganz offenbar wieder auf den Weg zum Allgemeinen, und da es die ›modernen‹ Allgemeinbegriffe nicht sein dürfen, müssen es wohl oder übel ›postmoderne‹ sein: »Supersprache«. Wer Supersprache sagt, hat aber schon Hochkultur gesagt, denn er entwirft eine imaginäre Hyper-

7 Ebd., S. 7.

ebene, auf der ab jetzt Künstler arbeiten und Kunstbeurteiler sich finden werden. Der Verlust der maßgeblichen Rolle einer »Hochkultur«, das Eingeständnis, die Distanz des sogenannten »guten« Geschmacks gegenüber der bloßen »Mode« sei von einem »neutralen« Beobachter aus nicht mehr aufrechtzuerhalten, dauerte in Wirklichkeit also nur eine logische Sekunde, bis die Aufforderung auf dem Tisch lag, über eine ästhetische »Supersprache« zu meditieren. Vielleicht jedoch »verstehen« sich die einzelnen »subkulturellen« Gruppen überhaupt nicht so gut? Vielleicht geht es gar nicht mehr bloß ums »Verstehen«? Vielleicht gibt es auch einen »postmodernen Spaß«, ohne daß man die Welten »versteht«, die man durch den Gebrauch bestimmter Symbole aufruft. Man braucht ja eigentlich nur zu wissen, daß es sich um Symbole handelt, die den anderen z. B. wichtig oder verächtlich oder sonstwie beeinflussend sind. Man muß vor allem um den *Stimmungswert*, den potentiellen *atmosphärischen Gehalt* bestimmter Zusammenhänge wissen. Eine Schwelle ist »heilig«, das steht nicht nur bei Porphyrius oder seinen hermeneutischen Auslegern, das spürt man. Wenn im Rahmen der heutigen Architektur Säulen, Schlußsteine, Schwellen, Tore usf. als »Dekorvarianten« und Anspielung bzw. zitative Spielereien auftauchen, dann doch nicht unbedingt deswegen, weil hier jemand die kunsthistorische Auffassung »variiert« oder die Geschichte des Schlußsteins von Palladio bis heute »ironisieren«, »konterkarieren«, usf. will. Es geht hier doch vermutlich viel einfacher zu als in den Hirnen der Interpretatoren und, wer weiß, viel komplexer auf einem ganz anderen Gebiet: dem der ästhetischen Korrespondenz. Da weiß jemand schlicht um die Atmosphäre, die er mit Hilfe eines Schlußsteins, mit Hilfe einer Säule usf. aufrufen kann. Vielleicht würden wir, wenn wir zwar nicht die »subkulturelle« Symbolsprache verstünden, aber doch die *Atmosphäre* spürten, in der Mrs. Thatcher agiert, gerade *nicht* den Vorschlag machen, daß sie sich die Haare eigentlich ›dezenter‹ färben müßte. Vielleicht ist der etwas zu schrill gefundene Farbton nicht der Beweis des *Verstehens*, sondern gerade der Beweis für die unüberbrückbare *Differenz* zwischen der ehemaligen englischen First Lady und dem Professor für Wahrnehmungsfragen.

II.

Subkulturelle Differenz und Supersprache

Die Frage nach der »Supersprache« im Zeitalter subkultureller Differenz und ihrer Unüberbrückbarkeit ist natürlich nicht einfach der wertkonservative Wunsch nach dem alten Allgemeinheitsanspruch oder klassischen Mustern. Sie gehört vielmehr zu den verschiedenen Formen struktureller Einheitssuche angesichts der subkulturellen Diversifikation, wie sie in den letzten Jahren häufig wurden. So konstatierte etwa der Münchener Ästhetiker Karl Heinz Bohrer einen »Verlust der Institution des Ganzen« und wies als Bezugsebene auf das ästhetische Subjekt.[8] Der Bamberger Technikphilosoph Wolfgang Zimmerli glaubt, daß die »bunte Vielfalt« der Moden, Stile und Erkenntnisparadigmen allein durch den weltweit unifikatorischen Charakter der Technik zusammengehalten und daher so interpretiert werden müsse. Der Habermas-Schüler Schnädelbach argumentierte, daß gegenüber dem aktuellen »Wahnsinn mit Methode« durch einen auf die Medien erweiterten Vernunftbegriff als Theorie der Rationalität Einheit zu stiften sei.

Es gäbe noch eine ganze Reihe solcher Vorschläge, sie alle betreffen eine Situation, die Baudrillard einmal als das Aufkommen des *Hyperrealen* (im Sinne unserer Wahrnehmungsweise wie auch der Wirklichkeitsproduktion) bezeichnet hatte: »Die Realität [also das, was vorgeblich im interpretierenden Zugriff der Eliten, in Politik, Philosophie,

8 Karl Heinz Bohrer, *Nach der Natur*, München 1988, S. 222.

Kunst, Medien usf. ist; d. Verf.] geht im Hyperrealismus unter, in der Verdoppelung des Realen.«[9] Den von Burckhardt so genannten »Zeichenkrieg« interpretiert Baudrillard nicht als lustvolles Spiel mit der Doppelbödigkeit im postmodernen Kunstbetrieb, sondern als die Globalsituation der Simulation: »Die Verdoppelung des Realen« führt »in ein Stadium, in dem sogar der Widerspruch zwischen Realem und Imaginärem ausgelöscht ist.« Hier geht es nicht mehr um das intelligent fröhliche Zitieren oder die Anspielung auf eine fremde Zeichenwelt. – »Keine Bühne, kein Abstand, kein Blick mehr [von einer subkulturellen Gruppe auf die andere, vom Gegenstand zum Betrachter; d. Verf.] [...] Es gibt nur noch das totale fusionierende [...] Environment«,[10] eine »Landschaft der Grausamkeit« (Baudrillard hat Artaud im Blick), an der mitbaut, wer immer meint, neue Ordnungen begründen zu können. Ansonsten herrscht ein absurder Rausch des Dabeiseins – »das große Fest der Partizipation« – aus dem sich ein hyperrealer und eiliger Interpretationsbetrieb aus Bezugnahmen auf eine vergangene Ära speist, ein Betrieb, der seine Symbole und Inhalte funktionalistisch kombiniert, d. h. blind und ohne jeden weitertragenden Bezug, wenn auch vielleicht nach sublimen internen Qualitätskategorien.

Wir brauchen nicht unbedingt Anhänger Baudrillards zu sein, um zu verstehen, daß die Situation, um die es ihm geht, ernst zu nehmen ist. Es geht hier nicht um den Zeichenkrieg irgendwelcher Jugendclubs oder Mediengesellschaften oder um einen Generationskonflikt. Es geht vielmehr um eine Situation, in der uns die Realitätskonzeption entgleitet und Intellektuelle Gefahr laufen, sich idyllisch einzuspinnen, d. h. vielleicht akademisch und sehr würdig dort zu arbeiten, wo sie sich sowieso auskennen, während das, worum es geht, abgedrängt wird. Es ist eine Situation, die man natürlich

9 Jean Baudrillard, »Die Simulation«, in: *Wege aus der Moderne* (Anm. 2), S. 153–162, hier S. 157.

10 Ebd., S. 156.

»postmodern« nennen kann, die sich aber auch trivialer beschreiben läßt und die auf der Ebene des »Verstehens« tatsächlich von »Hyperrealität« gekennzeichnet ist, d. h. in der das einheitsstiftende Vertrauen in die Funktion eines Masterdiskurses genauso unterminiert ist, wie das Wissen um den »guten Geschmack« oder die zu setzenden Schwergewichte im hermeneutischen Gespräch.

Die Frage nach der »*Super*sprache« enthält also das Eingeständnis, daß es mit einem bestimmten Allgemeinheitsanspruch angesichts der Situation interkultureller Differenz nicht mehr gut bestellt ist. Sie bedeutet, daß es keinen allgemeinen Diskurs gibt, dem man diese Probleme überstellen kann, und keine hermeneutische Methode, die dies auch nur entfernt so gut zu bearbeiten vermöchte wie ihr traditionelles Gebiet, überlieferte Texte. »Gibt es eine Supersprache?« heißt also neu interpretiert bzw. verändert: Gibt es eine Ebene, auf der wir uns in der Situation subkultureller Differenz in Fragen des gelingenden Lebens, des Bauens und Wohnens, der Mode, des Glaubens und anderen Fragen ins Benehmen setzen können?

Damit ist nicht notwendig auf eine »Supersprache«, aber doch auf eine vielleicht schon existierende, wenn auch akademisch kaum beachtete Kompetenz hinzuweisen, die dem Muster eines ›sprachlichen‹ Verstehens und seinen diskursiven Reduktionen entgeht, auch wenn es deswegen kein Gegner des Diskursiven, sondern eher etwas Zusätzliches, eine spezielle Wahrnehmungsperspektive und Sensibilität ist, die sich dann zum Beispiel eine sprachliche Form sucht.

Wir sollten einmal darüber nachdenken, was *Atmosphäre* in einer technischen Lebenswelt bedeutet, wie wir atmosphärisch korrespondieren, mit Atmosphären umgehen und agieren, welche Möglichkeiten des Handelns und Verstehens Atmosphären bieten, dann würden wir vielleicht bemerken, daß wir in einer noch genauer zu beschreibenden Form ästhetischer Korrespondenz jene Verständigungsbasis schon haben, die wir ganz unnötigerweise in »Hyperrealität« sich auflösen oder in einer »Supersprache« neu zu befestigen suchen. Gibt es also eine Supersprache? Die Antwort wäre: Ja, wir gebrauchen sie auch. Es gilt aber, uns ihrer als das bewußt zu werden, was sie ist – als *atmosphärische Kompetenz*.

III.

Der Atemkreis der Dinge – Vorbereitende Beobachtungen zum Problem der Atmosphären

Atmosphären kennen wir aus Erfahrung. Es sind gewissermaßen intuitive Gegenstände. Gefragt aber, was eine Atmosphäre denn nun wirklich sei, stellt sie sich meist als überraschend ungreifbar heraus. Wir neigen dazu, Atmosphären aus Hilflosigkeit genetivisch zu benennen: Die Atmosphäre eines Künstlerfestes, die Atmosphäre eines internationalen Kongresses, die Atmosphäre einer Weihnachtsfeier im Caritas-Pirckheimer-Haus mit Glühwein und Gebäck ... Wir benennen Atmosphären auch nach Stimmungen als »heiter«, »düster«, »festlich«, oder nach körperlichen Zuständen: die »nervöse Atmosphäre«, die »angestrengte Atmosphäre, die der Redner durch sein bedeutungsheischendes Betragen erzeugte«, usw. Wir bringen auch den Begriff der Aura in die Nähe der Atmosphäre. Schließlich wissen wir, daß man Atmosphären herstellen oder zumindest eine Situation erzeugen kann, in der sie entstehen. Das gilt interpersonal, etwa im Fall des prätentiösen Betragens, wie auch für den Gegenstands- und Umgebungsbezug: Für den Gartenbautheoretiker Hirschfeld etwa (Gernot Böhme machte vor einiger Zeit darauf aufmerksam) ist eine Atmosphäre identisch mit einer »Gegend«, die man wie eine Bühne inszenieren kann. So schreibt er z. B. von der »sanft melancholischen Gegend«, daß zu deren »Ausstaffierung« bestimmte dunkle Laubarten, den Blick versperrende Buschreihen und stehendes, beschattetes Wasser gehören. Architekten und Raumplaner sprechen sowieso ständig von Atmosphäre oder sollten es zumindest, denn sie tun nichts anderes als Atmosphären herzustellen, auch wenn sie meinen sollten, daß sie im »symbolischen Diskurs« mit anderen Architekten »dialogisierten« oder »historische Varianten« ehemaliger Bauten produzierten. Sie stehen jedenfalls auch in ästhetischer Korrespondenz mit ihrer Umgebung und sich selber, d. h., sie gehen von dem aus, was als Atmosphäre irgendwo herrscht oder angestrebt ist.

Man könnte diese Aspekte vertiefen, etwa *semantisch*: Meinen wir mit dem Ausdruck »die Atmosphäre einer heißen Sommernacht« ein Geschehen oder einen Gegenstand oder etwas, das in der Situation einer heißen Sommernacht herrscht und in das man hineingeraten kann? Eine andere Spezifikation wäre in erkenntnistheoretischer Hinsicht nötig. Gernot Böhme etwa bezeichnet Atmosphären als »quasiobjektive Gegenstände«, womit er zwar das Problem nicht löst, aber immerhin auf den Sachverhalt weist, daß wir uns im Bereich des ästhetischen Reflektierens, und das heißt im Bereich subjektiv allgemeiner Gegenstände befinden. Für einen Empiriker ist ein »subjektiv allgemeiner« Gegenstand deswegen so ungreifbar, weil er abhängig von einem »Subjekt« und andererseits doch auch empirisch verortbar sein soll. Wir wissen, daß Atmosphären einerseits unabhängig von unserem Zutun herrschen können, was sich darin zeigt, daß wir in sie hineingeraten können, andererseits aber sind wir, wenn es so weit ist, nicht unbeteiligt an ihrem Entwurf – eine Angelegenheit, die zeigt, daß es sich bei der Atmosphäre um einen *Geschmacksgegenstand* handelt, allerdings ohne die zwangsweise Beziehung auf das, was man traditionell als Kunstwerk versteht. Hier liegt, glaube ich, eine große Möglichkeit des Atmosphärenbegriffs. Er weist auf die Verwendung ästhetischen Denkens in Bereichen, die mit der landläufigen Meinung von typischen ästhetischen Gegenständen nichts zu tun haben und dennoch jedermann verständlich zu machen sind.

Ich will zwei Schwerpunkte setzen. Der eine ist die Beziehung von Atmosphäre zu *Raum* und Raumwahrnehmung, der andere ist das Phänomen des *Festes* und der dort auftretenden »atmosphärischen Überflutung« bzw. des Zerfalls von Raum und Zeit. Zuletzt kann man dann fragen, inwieweit eine Wahrnehmungsschärfung dieser Art Hilfestellung zur ästhetischen Verständigung in der Situation subkultureller Differenz bietet. Folgende Thesen, die ich mehr implizit behandle, sollen dabei zur Sprache kommen:

1. »Atmosphäre« wird nicht wahrgenommen, sie ist vielmehr selber eine Art Wahrnehmung, und sie steht im Zusammenhang mit ästhetischen Entwürfen des Raumes, ob sie nun von Menschen, Dingen oder Geschehnissen ausgeht.
2. Es gibt folglich nicht nur eine atmosphärische Sensibilität, sondern auch eine atmosphärische Kompetenz, die sich mit der kommunikativen Kompetenz durchaus vergleichen ließe. Diese ist eine wichtige Verständnisbasis für Gemeinsamkeit in einer Weltkultur der subkulturellen Differenz.
3. Solch eine atmosphärische Kompetenz läßt sich *theoretisch* auffassen, d. h., es läßt sich Wissenschaft darüber treiben. Wir müßten dazu lernen, Situationen, Umgebungen und menschliches Verhalten auf seine atmosphärische Wirksamkeit hin anzusehen und zu beschreiben. Wir müßten auch historische Wahrnehmungsweisen (Literatur) erforschen und beschreiben.
4. Solch eine Kompetenz läßt sich auch *praktisch* auffassen, das heißt als Fähigkeit, ins atmosphärische Geschehen einzutreten. Jedermann im Alltag verfügt in einem gewissen Maß über diese Kompetenz. Bildende Künstler, Architekten, Landschaftsplaner usw. müssen ganz besonders über sie verfügen.
5. Es geht bei all dem darum, zu lernen, wie man in einem Raum »flanieren« könnte, der durch unser technisches Naturverhältnis, das mediale Geschehen und den technischen Menschen gekennzeichnet ist und wie man von diesem Flanieren gezielt Bericht erstatten könnte.

IV.
Atmosphäre und Raum

Der Raum – so lautet ein Gedanke, der sich von Husserl und Cassirer bis zu Heidegger und zeitgenössischen Theoretikern fortsetzt, wird vom Menschen durch dessen soziale Tätigkeit eingerichtet. Er ist *Poiesis*, und vor allen geographischen, politischen oder naturwissenschaftlichen Interpretationen ist er eine ästhetische Angelegenheit, ein Geschehen nicht nur der Symbole, in dem sich der Mensch ein Netz aus Orten und deren Bezüglichkeiten schafft. Die »Orte« und die »Dinge« sind dabei identisch, und in ihrer bedeutungsschweren und magischen Qualität zeichnen sie eine Grundsituation vor, die in die direkte Übertragung des griechischen Wortes »Atmosphäre« führt. Der Mensch lebt – noch bevor er abstrakte Bezüglichkeiten entwirft – im Atemkreis der Dinge, in ihrem Bann als einer Art erstem, grundsätzlichem Raum sinnlich affektiver Bedeutsamkeit.
Entsprechend herrscht Atmosphäre auch für die philosophische Phänomenologie nicht »in« einem Raum, »in« einer Umgebung oder »in« einer Gegend, sie herrscht vielmehr »als« Raum, »als« Situation bedeutsamer Symbole und Geschehnisse, als »Horizontgeschehen«, als »Umhaftes« (Ströker), als »Tönung« (Bollnow) und als »gestimmter Raum« (Heidegger), als etwas, das auch in einem psychischen Sinne unsere Handlungen und Wahrnehmungen tangiert und dann natürlich als zweiter Schritt ins Verhältnis zu anderen Interpretationen geometrischer, architektonischer oder politischer Art tritt, so daß man vom Raum auch als einem Geschehen des »Innenaußen« gesprochen hat (Bachelard).
Der Zusammenhang von atmosphärischem Raumentwurf und bestimmten »Gegenden« des vom Menschen gebauten Raumes ist ein großes Thema der Philosophie der Stadt: Joseph Rykwert beispielsweise hat die Gründung einer anti-

ken Stadt als symbolischen Akt des Bedeutsammachens von Raumbezügen durch einen Priester beschrieben. Symbolische Weihehandlungen geben der Stadt einen »Mittelpunkt«, eine »Achse«, verbinden sie mit einer Kosmogonie; die Einrichtung eines »Raumes« und die Schaffung einer Atmosphäre, also einer ersten Heiligkeit und allgemeinen bedeutsamen Aura, in deren Licht alle Gegenstände, Orte und Menschen eingewoben sind, stehen in engem Zusammenhang.

Die Stadt wurde im Lauf ihrer Geschichte mehrmals gewissermaßen atmosphärisch nach- oder umgerüstet. (Dies ist interessant vor allem in den zentralen Aspekten wie dem Kathedralenbau, der Prunkentfaltung der Duodezfürsten, der Anlagen von Promenaden unter Napoleon III. usf.) Man könnte überhaupt das Bauen an einer Stadt als atmosphärisches Nach- und Umrüsten eines Raumes beschreiben und verschiedene Planungsprojekte einmal daraufhin untersuchen, ob es sich im Grunde nicht um atmosphärische Zurüstungen handelt, die erst in einem zweiten Schritt unter »soziale« Beschreibungen subsumiert werden.

Seit dem 19. Jahrhundert – auch das ist ein interessantes Phänomen – erkennt man die »Unförmigkeit« urbaner Systeme[11], und im 20. Jahrhundert sieht man in der Stadt das wuchernde Chaos, »Chaosmos« heißt das treffende Wort dazu bei James Joyce, London löst sich auf, hat jemand jetzt wieder entdeckt[12], und »die große Stadt stirbt«, heißt es allgemein.[13] Tatsächlich aber geht es auch hier um Atmosphärisches: Der atmosphärische Bann der großen Städte – ihr

11 Vgl. Bruce I. Coleman, *The Idea of the City in Nineteenth Century Britain*, London / Boston 1973.

12 Vgl. Martin Pawley, »Architektonische Stealth Bomber in der Altstadt. Zukunft der Stadt (VI) Blitzkrieg und Baufieber – über die unaufhaltsame Auflösung Londons«, in: *Frankfurter Allgemeine Zeitung*, Nr. 58, 9. März 1992, S. 36.

13 Karlheinz Stierle, »Der Tod der großen Stadt. Paris als neues Rom und neues Karthago«, in: Jochen Smuda, *Die Großstadt als Text*, München 1992, S. 101–129.

urbanes »Klima« geht an andere atmosphärische Träger über, etwa an die Medien (City-Radio, City-TV) oder an eine neue Form des architektonischen Designs von Gesamtzusammenhängen.[14]

Atmosphäre als Design ist sozusagen das extreme Pendant zu dem, was wir im Allerkleinsten als ›atmosphärische Situation‹ bezeichnen können: Gaston Bachelard hat einmal in einem schlichten Bild das Verhältnis von Atmosphäre und Raum aufgegriffen und es zur Frage der Bewußtseinsphänomenologie gemacht. Er schrieb von der Atmosphäre, die eine nächtlich angezündete Kerze erzeugt, indem sie den Raum um den »Kerzenträumer« verkleinert und unendlich macht zugleich, da sie die begrenzenden Wände des Zimmers ins Dunkel hüllt und unsichtbar werden läßt. Die Flamme als Geschehen im Zentrum des Raumes, den sie selbst durch ihr Brennen definiert, ist das kleinstmögliche Modell einer Atmosphäre. Die verdämmernde Helligkeit nach außen, die schwarze Nacht, in die man eingehüllt scheint, kommt einem sinnlichen Medium gleich, welches das Bewußtsein symbolisiert, das, gebannt vom Geschehen und dem Raum, den dieses Geschehen aufspannt, nach den Rändern zu mit dem Licht undeutlicher und sich daher wie erschreckt vor der Dunkelheit wieder aufs Licht zurückzieht. Dadurch kommt

14 Es war für mich ein großes Erlebnis, mit John Hejduk in New York zusammenzutreffen, der dafür arbeitet, daß jemand, der im Autostau auf Manhattan zufährt, für eine Stunde Warten, Gestank und Ärger doch zugleich immer den atmosphärischen *Anlaß* vor Augen hat, der ihn in diese glitzernde Kathedrale des Handels, des Verkehrs und des vorgeblich gelungenen Lebens führt. Das ist beileibe nicht bloß eine »Besucherperspektive«. New Yorks Skyline repräsentiert durch das Bild des mächtigsten Bauens der Menschheit eine vibrierende Festlichkeit und eine nervöse, schöpferisch jagende Stimmung, für die das Geschehen »New York« im Glauben auch seiner Einwohner einzigartig in der Welt steht. Baudrillards Rede von der Verdoppelung im »totalen Environment« würde hier greifen. Die Skyline von Manhattan ist die atmosphärische Verdoppelung »New Yorks« als Mythos der Metropole. Vgl. D. Lewis / E. Diller, *Education of an Architect. The Irwin S. Chanin School of Architecture of The Cooper Union*, New York 1988.

es zu dem nur scheinbar von der Flamme ausgehenden *Bann* unseres Wahrnehmens.
Von der geschehnishaften Anziehungskraft des Windes, eines Wasserfalles, des Feuers, usf. wissen wir. Wir können sagen, dies sei der *atmosphärische Bann* dieser Geschehnisse. Er besteht, weil hier ein Ablauf an seinem intensivsten Punkt gleichsam stehenzubleiben scheint und durch unsere Wahrnehmungsweisen als Raum sich aufbaut bzw. atmosphärisch entworfen wird. Angesichts eines Feuers, einer Flamme, eines Wasserfalles oder an einem Flußufer sitzend können wir kontemplativ, d. h. scheinbar »zeitlos« wahrnehmend am Gipfelpunkt eines ablaufenden Geschehens verharren. Wir scheinen zu sehen, was wir ansonsten nur begrifflich fassen, also »das Brennen«, »das Fließen«, wir hören »das Rauschen« oder »den Regen«, in dessen Betrachtung wir uns verlieren.
Atmosphäre als Bann im Sinne eines solchen Geschehens ist ein bekanntes Phänomen. Übertragen wir den Sachverhalt auf urbane Systeme, so fällt uns vielleicht die Atmosphäre eines Bahnhofs ein, oder eines Marktes, wie ihn zum Beispiel Benjamin in Weimar beschrieben hat, die berühmte Hafenatmosphäre, die Atmosphäre einer nächtlichen Stadt usf. Weniger geläufig, aber durchaus in derselben Weise entschlüsselbar, wären Geschehensräume, die wir vielleicht noch nicht unter diesem Gesichtspunkt betrachtet haben – der »Pauschalurlaub«, ein »Alpendorf« als touristische Veranstaltung, eine Kreuzfahrt als Dauerfest des gepflegten Reisens. Die Medien haben sich des atmosphärischen Charakters unserer Sehnsüchte längst angenommen und inszenieren bestimmte Atmosphären des weltweiten Dabeiseins in bestimmten Reportageformen. Die ›Umgebung‹ eines atmosphärischen Banns muß also nicht unbedingt eine natürliche, eine architektonische oder verkehrstechnische sein. Denn ob Bahnhof, der Verkehr einer Metropole, die Eindrücke einer Mittelmeerkreuzfahrt oder die Vielfalt der TV-Channels, die wir uns durch das Umschalten vor Augen führen – immer

gilt doch: Es handelt sich um ein Geschehen, das wir ewig an seinem Gipfelpunkt antreffen, das höchstenfalls auf- und abschwillt, eine Metaphysik der Korrespondenzen, eine Entwurfsvorlage für einen vom Menschen gebauten, unendlich differenzierten Raum als »Ort« ästhetischer Korrespondenz.

Man kann den atmosphärischen Bann urbaner Umgebungen noch weiter zerlegen. Friedrich Bollnow entwarf in den frühen sechziger Jahren einmal eine Theorie, nach der der Raum nach »hodologischen« Gesichtspunkten betrachtet werden solle, also im Sinne der *Wege*, die wir in Verfolgung unserer alltäglichen Arbeit und unseres urbanen Lebens zurücklegen. (Das kleine Modell wäre eine Werkstatt, eine Küche, ein Zimmer, das größere wäre eine städtische Umgebung, ein Dorf oder ein Autobahnkreuz.) Zu einem »hodologischen« Raum gehören ästhetisch – neben den alltäglichen realen Strecken, die wir leiblich zurücklegen und den Punkten, die wir dabei verknüpfen und in unsere Handlungen einbinden – auch abstrakte Mittel-Zweck-Verhältnisse, die unser Selbstverständnis, unsere potentiellen Bewegungen und Entwicklungsmöglichkeiten bestimmen, das Autofahren, das Benutzen von Verkehrsmitteln, Werkzeugen, die Korrespondenz mit den Medien; es gehört dazu auch der Rhythmus der Zeit, das Netz aus Terminen, Kalendern, Fahrplänen, Uhren usf., das Norbert Elias und Günter Dux beschrieben haben.

Unter dem Blickwinkel der Hodologie löst sich also der Bann des Geschehens in eine Vielzahl von Wege auf, die wir auf urbane Strukturen übertragen und für eine Beschreibung nutzbar machen können. An ihnen sind der Architekt wie der Verkehrsplaner, der Politiker wie der Fernsehreporter, aber auch wir alle, jedermann durch die schlichte Benutzung beteiligt. Wenn man also auf das Schwelgen in der Metropolenstimmung verzichtet und sich dem Atem des Banalen aussetzt, der Atmosphäre in einer Straßenbahn, in einem Bürohochhaus oder auf dem Weg ins Kaufhaus, läßt sich eine Wissenschaft der Atmosphären denken, die architektonische

Umgebungen anders beurteilt als dies architekturgeschichtlich, ikonographisch oder soziologisch der Fall ist. – Die große »Philosophie der Stadt« bleibt natürlich wichtig und als Hintergrund erhalten, aber ohne die Wahrnehmungsfähigkeit für die kleinen Atmosphären funktioniert auch sie nicht, d.h., sie verschwimmt in Philologie und verbleibt im symbolischen Bezug. Es kann ja sein, daß jemand, der viel liest, großartige Aufsätze zur Stadtphilosophie schreibt, aber das Lesen unserer *Umgebungen* wäre die Sache, auf die es ankommt und nicht nur das Lesen! – Was also stellt sich beim alltäglichen Bewegen in urbanen Systemen als Atem der Dinge heraus?

V.

Bewachen und betreuen – kleine Atmosphärologie urbaner Systeme

Die landläufige ›ästhetische‹ Kritik technischer Umgebungen zielt darauf, daß sie »anästhesierende« Effekte habe. Dies ist sicher zutreffend. Anästhesie – übertragen auf das Problem des Atmosphärischen – wäre der *mangelnde Anspruch* der Situation zum Entwurf von Atmosphäre. Die gesellschaftliche Rationalisierung, das von ästhetischer Korrespondenz und leiblichen Ansprüchen abgekoppelte und maschinell, bürokratisch und informationstechnisch ablaufende Geschehen fordert uns, so etwa die Thesen von Rudolf zur Lippe, als ästhetische Wesen nur halb. Auch in der Architektur findet sich diese Kritik. Joseph Kupfer etwa schreibt über die verspiegelten Container, in die man heute vom Krankenhaus bis zum Ministerium alles zwängt, und sagt, wir wären auf dem Weg »vom Gebäude zum Gerät«. Von einer Struktur geformter Baumasse zu einer bloßen »Vorrichtung« und von Gebäuden im Sinne von »distinctive personalities« zu jenen von »standardised containers«.[15] »Gute Gebäude« dagegen entfalten ästhetisch befriedigende Strukturen, würden also »bilden« und »erfüllen«.

Vom Standpunkt des atmosphärischen Erlebens ist dies nachvollziehbar, *standardisierte Situationen*, Gebäude, Dinge, Menschen, Medien und Verkehrsverhältnisse entlasten nicht nur körperlich, sondern leider auch ästhetisch. – Obwohl ich der Meinung bin, daß wir uns längst aus der Falle der öden Umgebungen herausbewegen und daß dies auch sichtbar ist, möchte ich die Spur der traditionellen Kritik ein Stück weit atmosphärisch nachvollziehen: Achten wir auf den Atemkreis der Dinge; betrachten wir unsere Computer, unsere Möbel, die Form unserer Haushaltsgegenstände, die Gestalt der uns umstehenden Gebäude, Verkehrsmittel, Verkehrszeichen, Brücken, Straßen. Wir sehen dann vielleicht – schon Joseph Rykwert, aber auch Karl Heinz Bohrer, Welsch und viele andere konstatierten ähnliches –, daß sich hier wenig »sprechende Form« feststellen läßt. Die *atmosphärische Situation* in einer praktischen, wartungsfreien und herstellungsfreundlichen Gerätewelt aus Büros, Maschinen, Bankomaten, Abfertigungs-, Produktions- und Bildungshallen sowie sogenannter »Grünanlagen«, in die je nach Jahreszeit andere Blumen montiert werden, hat mit dem brutalen Funktionssinn zu tun, bei dem man im technischen Raum immer schon angekommen ist, egal wo man ist. Ich meine also nicht ehemalige DDR-Plattenbauten, ich meine jene ästhetische *Verwahrlosung*, die gerade in Westeuropa und den USA aus den Wüsten des Praktischen die Paläste des Designs sich erheben läßt oder dem vorgeblich funktionalen Bauen das symbolträchtig Traditionale als *sanierte Atmosphäre* beiordnet.

Die Skyline Manhattans ragt aus einer Wüste von Industrieschrott, Geleisen und zerbröckelnden Wohnblocks. Hierzu-

15 Joseph Kupfer: »From Edifice to Device – Architecture of disengagement«, in: *Technology in Society*, Bd. 12, Pergamon 1990, S. 319–332.

lande stehen die renovierten Fachwerkhäuser neben zweckmäßigem Großbankdekor, oder ein Architekt zitiert »ironisch«, wie man hört, einen Kollegen aus dem 17. Jahrhundert. Vielleicht hat man die Hoffnung, das würde irgend etwas nützen, und vielleicht regt es einige Intellektuelle ja auch durch die verwendete Symbolsprache zu Girlanden ihrerseits an. Tatsächlich aber ergibt sich auch in vielen postmodernen Konstruktionen immer wieder das gleiche atmosphärisch irritierende Gemisch, das auch entsteht, wenn wir uns im Gartencenter einen Springbrunnen, ein Alpinum und einen Wurzelstock kaufen und das Ganze in einen Teich montieren, welchen wir uns ja auch vorgeblich angeschafft haben, um die »Atmosphäre« unseres Gartens zu verbessern. An einem prominenten Beispiel: *Intellektuell* ist die Piazza Italia von Charles Moore in New Orleans ein Fall des anspielungshaften Eklektizismus, der ungeheuer »anregend« sein mag. *Atmosphärisch* jedoch ist er etwas ganz anderes, etwas zwischen stehengelassener Glamourkulisse, neben Hochhäusern hingeduckter Nostalgie und Las-Vegas-Fassade. Man hört gewissermaßen die Roulettekugel rollen, wenn man sich dort aufhält. Es würde zu weit führen, all jenes aufzuführen, was den atmosphärischen Entwurf verhindert, durch Hilflosigkeit verheddert, verfremdet, stört, gezielt verunmöglicht, was bedrückend oder auflösend wirkt. Um sich atmosphärisch mit dem bewußten Platz auseinanderzusetzen, wäre es auch nötig, sich eine Zeitlang seiner Atmosphäre auszusetzen, was wiederum schlecht zu vermitteln wäre. Daher einige allgemeine und vielleicht auch banale Alltagsbeobachtungen:

Es gibt in unseren Umgebungen viele Dinge, die offenbar nicht *altern* können, sondern nur *›veralten‹*, die keine Patina als Zeichen ihres menschennahen Sinnes und Gebrauchs, sondern nur Schäbigkeit gewinnen. Der Gegenstand als Gerät zur Hervorbringung seines Funktionssinnes hat zwar Form, aber eigentlich kein Aussehen, d. h. er ›blickt‹ nicht. Daß er nicht ›blickt‹, heißt, daß er keinen atmosphärischen

Entwurf herausfordert, sondern nur auf seine eigene *Situation der Zweckmäßigkeit, der Anspielung, des Zitats, der Funktion, der beabsichtigten Performance usf.* weist, eine Situation der Zweckmäßigkeit, die im Gewirr des sonstigen Zweckmäßigen meist noch untergeht. Wer eine Bank als ein Gerät zur Unterstützung eines »Ausruhbedürfnisses« betrachtet, der wird ihr vielleicht eine solche Form geben, aber ganz gewiß kein Aussehen. Bestimmte Umgebungen, Gegenstände, Fassaden usf. sind dann eben nur praktisch, neu oder alt. In solche Umgebungen geht keine Pflege ein. Sie bekommen auch mit der Zeit kein Gesicht. Sie verlieren höchstens noch jenen Glanz, der anfangs durch Lack und Verspiegelung ihre Blindheit verbarg. Das Problem ist durch Design nicht zu lösen, da es ein Atmosphärisches ist. Im Versuch, von der Atmosphäre auszugehen, könnte sich für das Design aber etwas gewinnen lassen. Jedenfalls wäre es ein atmosphärisches Argument, daß etwa das Material eines Architekturensembles oder einer staatlichen Galerie, welche aus einigen hundert Metern Entfernung ja ein außerordentliches Architekturerlebnis sein mag, aus der Nähe betrachtet an verwahrloste Hinterhöfe im Berliner Osten erinnert und eine Atmosphäre hat, die in erster Linie von dem Gras bestimmt wird, das zwischen den Steinen wuchert.

Eine andere Beobachtung wäre, daß angesichts der meisten Umgebungen, Geräte oder Dinge einer technischen Welt auch atmosphärisch eine bestimmte *Situation* für den Betrachter oder Benutzer festgelegt ist, so als ob eine Vorschrift bestünde, nach der man hier oder dort zu gehen, zu verfahren, zu handeln, mit einem bestimmten Gerät zu hantieren habe. Ein Bürgersteig, eine Parkuhr oder ein Pauschalurlaub sind so und so zu bedienen. Man hat in einer solchen Umgebung den Eindruck, daß man zunehmend damit beschäftigt ist, etwas richtig zu machen. Damit ist nicht die entfremdende Spezialisierung in einer differenzierter werdenden Welt gemeint. Es ist vielmehr die Spur einer *atmosphärisch* immer aufdringlicher wer-

denden Unterteilung unserer lebensweltlichen ›Sphären‹ anzumerken.
So besteht zum Beispiel zur Zeit ein atmosphärischer Konkurrenzkampf zwischen der Bundesbahn mit ihren ICE-Zügen und der Luftfahrt. Die Bundesbahn möchte eine Flugzeug- oder Cockpitatmosphäre erzeugen, indem sie bestimmte Arrangements, das Vokabular und bestimmte Designmerkmale der Fliegerei übernimmt. Dem Reisenden soll angesichts des Begrüßungstonfalls, der Rede vom »Bord-Treff« oder »ICE-Team« so flugmäßig zumute werden, daß ihm gar nicht mehr auffällt, wie er auf Bewegungsfreiheit, Luft und Stehhöhe verzichtet, so daß er dann zwar beim Gehen nicht mehr aus dem Fenster sehen kann, aber gleichzeitig die Atmosphäre genießt, die er vielleicht bei der Fliegerei schätzt; und in Flugzeugen nimmt man ja bekanntlich die Enge in Kauf, weil sie einen Rest jenes sportlichen Nimbus hat, den die Anfänge der Fliegerei symbolisieren. Dies ist nur ein Detail. Wir leben aber in einer Hodologie situativer Rationalität, die sich in alle Winkel ausgebreitet hat, und die verschiedenen Orte, die zugleich die Dinge des technischen Raumes sind, sagen ständig: »Ich bin die zweckmäßigste Erfüllung dieses oder jenes ›Bedürfnisses‹. Alle anderen Möglichkeiten sind bereits geprüft und verworfen. Gebrauche mich gemäß der Vorschrift und ersetze mich beizeiten.«
Wenn sehr viele Dinge unserer Lebenswelt atmosphärisch aufgefaßt werden können, als würden sie dies ›sagen‹, dann entsteht eine Atmosphäre, in der uns die Dinge zu *bewachen scheinen*. Ein ICE-Reisezug, eine Bank, ein Krankenhaus, ein Bahnhof, eine Uhr, eine Karriere – »gibt« man sich falsch, d. h. revoltiert man gegen die herrschende Atmosphäre, so kommt nichts heraus. Die *Anstaltsatmosphäre*, die die lebensweltlichen Bezüge dadurch erhalten, die Atmosphäre eines allgemeinen ängstlichen Mittuns trotz scheinbarer Eigenständigkeit, die Tatsache, daß bei zunehmend rationalisierender Verflüchtigung des Sinnlichen doch eine immer

dichtere Bewachungsatmosphäre real wird, kann durch keine Art der Sonderveranstaltung aufgehoben werden, weil diese atmosphärisch immer wie ein Ausflug der Anstaltsleitung wirkt. Natürlich kann man Beton begrünen, eine Stelle kündigen, oder ein Nachrichtensprecher kann ganz leger auf seinem Schreibtisch durchs Weltgeschehen flanieren. Man darf heutzutage auch »ausbrechen« und – in »Urlaub« fahren. Aber wenn ich mit Hilfe eines Urlaubssonderangebots aus der Atmosphäre meiner Stadt in die Atmosphäre eines Touristendorfes fliege, aus dem ich mit einem per Scheckkarte geliehenen Auto in die von Landschaftsplanern präsentierte »Natur«, d. h. die Szenerie einschließlich der zu ihrer Betrachtung vorgesehenen Hotel- und Parkplätze, »flüchte«, bricht die bisher nur angedeutete atmosphärische Not zu ihrer ganzen Spürbarkeit auf, dem realen Bewußtsein, aus einer bestimmten Global-Atmosphäre des technischen Raumes nicht mehr herauszukommen, egal was man tut, während man zugleich betreut wird. Wer kennt nicht jenes atmosphärische Nichts, das hilflos macht, weil man sich, egal was geschieht, jenem »Es-ist-für-alles-gesorgt« ausgesetzt sieht, ob dies nun in der Musik bestimmter Hotels, in der Stimme einer Stewardess auf dem Kontinentalflug oder in seiner treuherzigen Kopie im ICE hörbar wird? Was diese Musik und diese Stimme sagen, heißt doch: »Die Direktion und das Management wissen Bescheid. Machen Sie sich keine Gedanken, folgen Sie den Anweisungen. Enjoy your trip!«

VI.

Der Trost im Atem der Dinge

Man sollte in solch einer Welt natürlich nicht vergessen, auf das große Reich des atmosphärischen Trostes hinzuweisen. Dem Rausch des Machens (Heidegger), dem Verschwinden der Dinge (Virilio), dem empfundenen Verlust der »Institution des Ganzen« (Bohrer) im Reich des Hyperrealen läßt sich zuletzt doch in eine Binnenatmosphäre entkommen, die im Gegensatz zur öffentlichen Betreuungsatmosphäre steht; so daß wir nun – öffentlich empfindungslos unterwegs ins Nichts, privat dagegen sehr sensibel – uns zwischen die *geliebten Dinge* flüchten dürfen. Was dem öffentlichen Gebrauch der Dinge fehlt, das züchtet also Privatheit, indem es das Vermißte atmosphärisch hortet – in Form von Quisquilien ästhetischer Korrespondenz:

Ein Projekt zur angewandten Ästhetik technischer Lebenswelten hätte solche, dem funktionalen Geschehen enthobene Dinge zu untersuchen, als Situationen, in deren Atem es sich ›leben‹ läßt. Auch hier nur einige Anmerkungen. Im atmosphärischen Fluchttempel unserer Wohnungen suchen wir neben den Stars und Talkshowpriestern der Atmosphäre des gelungenen Lebens uns zum Beispiel mit Dingen zu umgeben, denen die Spur des *Gebrauchs*, der *Pflege* und der *Nähe* sichtbar, ahnbar, spürbar oder wenigstens als interpretative *Aura* zugeschrieben werden kann. Eine »Patina«, Alter, ja überhaupt Alterungsfähigkeit von Dingen – vom Wein bis zum Schrank – Handarbeit, ein wenigstens ahnbarer Weg der einfachen, ›natürlichen‹ Herstellung oder Herkunft, bestimmte assoziative Verbindungen zum Sehnsuchtsmodell des Wilden, des Exotischen oder des Numinosen sind solche atmosphärischen Assekuranzen. Konterkariert und zum atmosphärischen Gegenmodell der ästhetischen Intelligenzija wird dann das Styling, die Atmosphäre der artifiziellen Dürftigkeit, etwa eines Ateliers, der Trend zum Minimum, das Kokettieren mit der reduzierten Geste, die Chuzpe des Lassens . . .

Die Wohnung und bestimmte »subkulturell« verschiedene Moden und Arrangements von Gegenständen, aber auch die Antiwohnung des Künstlers, der sich irgendwo in einem Keller oder einem Fabrikhinterhof einnistet, ohne auch nur die Wand zu streichen, ergäben also Hinweise auf die atmosphärische Gegenheimat zum atmosphärisch reduzierten

Dasein im technischen Raum. Dazu gehören auch die Medien, die »News«, die Filme, die Mythologie der Stars und die Waren, deren Ästhetik ins Atmosphärische umgeschrieben werden müßte. Ein besonderer Fall und sicher der Betrachtung wert wäre jene Atmosphäre, die sich einstellt, wenn man einen »Walkman« trägt.

In traditioneller Kritik würde eine ästhetische Einschätzung des Walkmans darauf hinauslaufen, daß der Träger sich von mir abgeschnitten hat. Das Abgeschnittensein wird deutlich im teilnahmslosen Blick des Menschen mit dem Walkman *für mich* – während er *für sich* das Glücksgefühl einer atmosphärischen Korrespondenz aus Hören, Sehen und sonstigen Eindrücken genießt. Doch sehen wir genauer zu: Der Blick des Menschen mit dem Walkman ist nach *innen* gerichtet. Nur wie vorübergehend »blickt« er mich an. Er blickt mich nicht an wie jemand, der mir in den Geräuschen einer Stadt ›begegnet‹, sondern wie jemand, der mich zwar sieht, der aber gleichzeitig innerlich beschäftigt ist. Der Mensch mit dem Walkman hat sich einen Hörraum mitgebracht, eine Situation, aufgrund deren er Atmosphäre entwerfen kann. Er mag in der Situation mit dem Walkman verschiedene Sachverhalte viel *besser* wahrnehmen, als wenn er nicht in dieser Situation wäre. Er ist durch den Walkman also keinesfalls abgeschnitten, vielmehr ist sein synästhetisches Wahrnehmen nur in anderer Zusammensetzung mit seiner Umgebung beschäftigt. Da man nicht zwischen einem klaren und unklaren sinnlichen Wahrnehmen unterscheiden kann, da man kein »falsches« oder »richtiges« Teilnehmen am Weltgeschehen ermitteln kann, muß man zumindest versuchshalber die Atmosphären vergleichen, die er theoretisch »mit« und »ohne« Walkman entwirft. Ich, der ich von ihm gerade wie sinnierend angeblickt werde, mag bei ihm gerade jetzt auf neue, außergewöhnliche Weise vorkommen. Vielleicht bin ich Bestandteil einer Welt, die diese Augen im Moment in Begleitung der Gitarrenmusik Segovias ansehen. Der Mensch mit dem Walkman, dem ich womöglich noch vorwerfe, er habe sich von mir abgeschnitten – *hat also längst dafür gesorgt, daß ich ihm durch seine Kunst der Synästhesie nun geradezu festlich nahe bin.*

Man hat sich verschiedentlich gefragt, warum wir das Autofahren auch dann nicht aufgeben, wenn andere Verkehrsmittel billiger, bequemer, ja sogar »kommunikativer« sind. Die Antwort ist aus atmosphärischer Sicht leicht. Das Auto hat, ähnlich wie der Walkman, die Fähigkeit, eine Atmosphäre technisch zu bergen. Der Blick durch die Windschutzscheibe bei Musik birgt ähnliche ästhetische Erfahrungen wie das Flanieren mit einem Walkman, und vielleicht ist auf der Basis ästhetischer Korrespondenz der Walkman der eigentlich ernstzunehmende Gegner des Autos ...

VII.

Das Fest als atmosphärischer Raum

Nähe ist *Teilhabe* an einer Atmosphäre. Daß der Dingbezug in der Moderne den Personenbezug überwuchert hat, heißt nicht, daß Teilnahme im Sinne personenbestimmter Atmosphäre nicht doch ein wichtiger Sehnsuchtsaspekt bliebe. Wir wollen Menschen nahe sein. Der atmosphärische Wert vieler Dinge ist davon abhängig, daß sie solch eine Nähe herstellen, symbolisieren oder inszenieren. Im ›Atemkreis‹ eines bestimmten Gegenstandes ist es dann, als hätten wir menschliche Fäden durch die Jahrhunderte zu jenen geknüpft, die ein Bild malten, einen alten Schrank bauten, vor uns besaßen oder jenes abgegriffene Buch vor uns lasen. Atmosphärische Korrespondenz mit *Dingen* ist also in vieler Hinsicht eine ästhetisch transformierte Korrespondenz mit *Menschen* oder – wie im Fall inszenierter »Natur« – mit dieser ihrem Ideal nach.

Die eigentliche Atmosphäre der Nähe nun, die *Gemeinschaft als Ereignis* ist das *Fest*. Wenn Platon in den *Nomoi* den Wert der Erziehung der Affekte, Furcht, Liebe, Haß und Lust als Befähigung zum Mit-leben im Staat hervorhebt, weist er anschließend auf die Feste, jene von den Göttern aus Mitleid eingerichteten Veranstaltungen, zu der sie selbst in Erscheinung treten, um das menschliche Miteinander neu zu bestärken. Als Ausgleichselement und als Trost also ist das Fest zunächst zu werten. Das bloß Alltägliche wäre das Trostlose, der Verkehr mit den Göttern zur Befestigung der Gemeinschaft ist der Ursinn des Festes.

Was Festlichkeit atmosphärisch ausmacht, könnte man auch einer mittelalterlichen Gedichtzeile entnehmen, wo es heißt, daß bei einem Fest »alle Türen offen standen«. Festlichkeit ist das Durchbrechen zueinander, im Extrem sogar die Auflösung alltäglicher Zeit- und Raumbestimmungen und die Neubegründung einer Gemeinschaft. Jan Assmann bezeichnet in einem Aufsatz über die altägyptischen Feste das Atmosphärische sogar als den Zentralaspekt zur Erzeugung der ›Präsenz der Gottheit‹, und er spricht vom Festgeschehen als »Atmosphärisierung«, an der alle Festteilnehmer beteiligt sind. Sich vom Fest, ja von festlicher Gesinnung auszuschließen ist allein schon eine Beleidigung der Gottheit und zumindest des Gastgebers.[16]

Der Inbegriff, auf empirischer Ebene gewissermaßen das ›Werkzeug‹ der Atmosphärisierung, ist die Kultivierung des sinnlichen Genusses. Man könnte an einer Fülle von Beispielen zeigen, wie bestimmte Festbräuche schrittweise helfen, die Sinne zu entfalten. Durch erlesene Speisen, sorgfältige Zubereitung und Darreichung, durch Gerüche, Blumen, Duftsalben, Räucherwerk, berauschende Getränke, Musik, zielgerecht eingesetzte erotische Reize, durch Akzentset-

16 »In der Feststimmung wird die Präsenz der Gottheit sinnlich erfahrbar, wird ›atmosphärisiert‹. Die ›Schönheit‹, die die Herzen mit Entzücken und Freude erfüllt, wird als Emanation der Gottheit erlebt« (Jan Assmann, »Der schöne Tag, Sinnlichkeit und Vergänglichkeit im altägyptischen Fest«, in: Walter Haug / Rainer Warning, Hrsg., *Das Fest*, München 1989, S. 15).

zung (so wurde nach Herodot bei vielen Festen ein nachgebauter Leichnam herumgetragen oder Becher mit Skelettdarstellungen herumgereicht, um durch Kontrastwirkung die emotive Bereitschaft der Festteilnehmer zum atmosphärischen Einstimmen zu erhöhen) kommt es schließlich zur *atmosphärischen Überflutung*, d.h. zur synergetischen Harmonie der Affekte, zum Festesrausch, der Aufhebung von Raum und Zeit und zur Einrichtung eines neuen sozialen Raumes, dem *Raum des Festes* als zelebrierter, gemeinschaftlicher Atmosphäre. Statt »erkennen« zu wollen, liegt uns jetzt an ästhetischer Korrespondenz, statt zu einer »kritischen« finden wir zu einer Haltung, die einstimmen will.
Schon irgendein Fest, in dessen Nähe wir geraten, übt ja einen seltsamen Magnetismus aus. *Das Fest* ist – auch in einer Zeit, in der es scheint, als hätten wir die Fähigkeit, Feste zu feiern, verloren[17] – eine Veranstaltung des Mitseins als Gegenstück zu bloß technischem und ethischem Mit-sein. Es ist also die dritte Säule menschlichen Miteinanders und nach dem Mythos werden bekanntlich diejenigen mit Wahnsinn bestraft, die sich den Festen entziehen.
Die zeitgenössische Theorie mag recht haben, ›rauschende‹ Feste sind heute weniger häufig, doch gibt es ein Festgeschehen, das uns als ›rauschendes Fest‹ vielleicht nur deshalb nicht recht ins Auge fällt, weil wir ständig *mittendrin* sind. Hier ist wichtig, daß man das Fest vielleicht doch lieber nicht als Gegensatz zum Handlungsalltag denkt. Es erscheint mir jedenfalls wichtig, daß man nicht einfach von einer vorschnellen Dialektik von Arbeiten und Feiern, sauren Wochen, frohen Festen etc. reden sollte. Arbeiten und Feiern stehen, wie auch Sterben und Leben, in deren Polarität jedes große Fest mimetisch eingespannt ist, in einem engen Verhältnis, das sich nicht durch ein »Entweder – Oder« vorher

17 Ebd., S. 15. – Wer sagt, wir würden heute Feste nur mehr in »Rest- und Surrogatformen« feiern, übersieht vollständig *neue Orte des Festes im technischen Raum*: Etwa den »Urlaub«, oder jene Feste, die sich heute eher medial ereignen, die Filmfestivals usw.

und hinterher charakterisieren läßt, sondern vielmehr in allen Bestandteilen als Ineinander und Öffnung. – Das Mittelalter forderte zum Beispiel die festlich vorgetragene Stimmung des Hofes als jederzeit zu präsentierende Seelenlage, gewissermaßen als eine Tugend, der die Niedergeschlagenheit und Mutlosigkeit als niedere, elende Gesinnung gegenüberstand; ein Sachverhalt, der mit der Trennung von Arbeit und Freizeit, Alltag und Festtag nichts zu tun hat. »Im Erzählen, Musizieren, Tanzen, im Gespräch, im Lieben, im Turnier . . . Die höfisch-Arthurische ›joie‹ definiert sich als eine Festlichkeit, die sich einer Balance aller Oppositionen in spielerischer Selbstdarstellung verdankt.«[18]

In einem ästhetischen Sinne *gelungen* zu leben, ist also der Anspruch, die *Kunst* des Arbeitens, Feierns, Lebens und Sterbens zu beherrschen und miteinander atmosphärisch in Beziehung zu bringen. Dies aber ist ein Gedanke, der nicht auf einen Wechsel, sondern auf einen atmosphärischen *Gesamtzustand* der erhöhten Korrespondenz führt, auf die Vorstellung, daß Festlichkeit als Lebensart und als Atmosphäre immer herrschen könnte, solange eine korrespondierende Teilnahme Einzelner gesichert ist. Ob dies für alle Menschen immer möglich ist, sei dahingestellt, daß dies aber allenthalben inszeniert und vorgegeben, ja versuchsweise durchgeführt wird, könnte man leicht zeigen[19] – denken wir nur an jene sich ständig aufdrängende Form der kollektiven Festlichkeit, die die Medien bereithalten, denken wir an das Fest des Kaufs und Verkaufs in Malls und Kaufhäusern, denken wir an die Organisation von Pauschalurlaub oder Kreuzfahrt, Wettbewerb und Kongreß, an die Wimpel und Fahnen vor jedem Supermarkt und an jeder Tankstelle. Ist das nicht die Atmosphäre des fröhlichen »Aufgebots«? – Und denken wir schließlich an die große Stadt, an den

18 Vgl. Walter Haug, »Von der Idealität des Arthurischen Festes zur apokalyptischen Orgie in Wittenwilers ›Ring‹«, in: Haug / Warning (Anm. 16), S. 157–179, hier S. 157.

19 Vgl. dazu den Beitrag »Liebes Montafon«, im vorliegenden Band S. 111.

Mythos von der Metropolis. Die Metropole ist das vergegenständlichte große Fest, die betäubende atmosphärische Überflutung. Man ist spannungsgeladen, kultiviert und nervös. Man nimmt die Beliebigkeit, Schnelligkeit und Flüchtigkeit der Eindrücke, das simultane Gewirr der Ereignisse, des Verkehrs und alle dazugehörigen Negativitäten wie ein großes schöpferisches Fieber, als Atmosphäre, als den eigenartigen Bann eines Labyrinthes, in dessen Kammern vielleicht doch irgendwo ein Minotaurus als Symbol des Sieges und des Todes sich aufhält.

Wir sind vielleicht noch von dem entfernt, was Baudrillard als »totales Environment« bezeichnet hat. Wir fassen unser alltägliches Miteinander im technischen Raum noch nicht wirklich atmosphärisch auf. Aber in vielen Erscheinungen dieser einzelnen technischen Lebenswelten ahnen wir bereits einen Zustand, der mit den Grundzügen »postmoderner« Beschreibung konform gehen könnte. Die Atmosphäre des totalen Environments ist dann die des überall und dauernd ablaufenden »Festes«, im *schlechten* Fall natürlich nicht der ›Festlichkeit‹ im Sinne eines *Rendezvous der Sinne*, sondern das Rendezvous der *Symbole*, der überall aufgehängten Wimpel, Sonnenschirme und Plakate irgendwelcher Verkaufsfeste und Auktionen, im *guten* Fall aber eine Allianz aus technisch funktionalen und sinnlichen Bezügen, eine Steigerung des Lebens im sensiblen Miteinander der Korrespondenz.

Eine seltsame Ambiguität ist es, wenn wir bemerken, daß beide Arten der Festlichkeit ineinandergleiten, daß es nicht hier die *schlechte* Art, das Verkaufsfest, und dort die *gute* Art der sensiblen Sinnenfröhlichkeit gibt, sondern daß eben diese beiden Formen nur Extreme eines sich durchdringenden Geschehens sind, das wir als synthetische Realität des vom Menschen eingerichteten technischen Raumes und seines neuen, doch sehr eigenartigen Klimas denken können. – Ob wir in diesem Geschehen (dessen atmosphärische Bestandteile natürlich auch immer bewußter eingesetzt werden) nun auch »flanieren« können, ob wir lernen können, jene »pausenlosen spontanen Antworten [...] begeisterten feed backs und weitgefächerten [...] Kontakte«, von denen Baudrillard angesichts unserer Wirklichkeit einmal redete, als Fest der Partizipation intellektuell nachzuvollziehen, ob wir die Waffen strecken oder ob wir eine neue Art des korrespondierenden Deutens unserer Wirklichkeit einüben, ist die große, theoretisch nicht zu lösende Frage, die statt dessen gewissermaßen als Anspruch an unser intellektuelles Ethos gerichtet ist und bei Nichtbeachtung ein Versäumnis bedeutet. Das atmosphärische Fest der Partizipation und eine noch gar nicht aufgeschlossene atmosphärische Kompetenz des sublimen Dabeiseins wäre die Basis, auf der wir hantieren lernen müßten, wenn wir uns atmosphärisch ›verständigen‹, und auf der wir denken müßten, wenn wir unserer Zeit zu Anfang gewachsen sein wollen.

Eine »Supersprache«, wie die von Burckhardt erfragte, ist das gerade nicht. – Aber es ist vielleicht eine Andeutung für jenen Bereich, aus dem nicht nur die Gefährdung aller »Verständlichkeit« und das Ende allen »Verstehens«, sondern auch die Hoffnung für die Rettung desselben kommen. Für eine Rettung, die allerdings den Prozeß des Verstehens selber umbildet.

Suchte der Mensch anfangs über die natürliche Ordnung zu obsiegen – ein Ziel, das er nahezu erreichte, – so versuchte er in den letzten hundert Jahren gar, die natürliche Ordnung durch eine technische zu ersetzen – wozu er auf dem besten Wege ist. Von der postindustriellen Gesellschaft wird dieser Vorstoß mit dem größten Nachdruck vorgetragen. Fragt sich nur, ob der Mensch auch weiterhin mitmacht.

DANIEL BELL

Die Philosophie und die Wüste

I.

»Technischer Fortschritt« – oder: Die Götter haben die Hände im Schoß

An einem Abhang im Gebiet des Nasser-Stausees an der Grenze zum Sudan zerschneiden Arbeiter unter Anleitung einiger Wissenschaftler einen kolossalen Tempel. In Tausenden von Blöcken transportieren sie ihn mit Winden 65 Meter zur Oberkante des Abhangs und bauen ihn unter einer Kuppel aus Stahlbeton wieder auf. Die Fugen stören kaum. Die Fassade ragt nach draußen. Von dort sieht es fast wieder aus wie ehedem. Auch die Götter scheinen es nicht übel genommen zu haben. Sie blicken nach vorn, lächelnd, die Hände im Schoß. – Im Inneren der Anlage Temperatur- und Feuchtigkeitsanzeiger, Neonbeleuchtung und Lüftung – ein Pflegefall. Wissenschaftler als Bewacher, und draußen die Fellachen, die im Schatten dösen, wenn gerade keine Touristenbusse unterwegs sind, denn zu dem Unternehmen Abu Simbel gehört auch eine zweihundert Kilometer lange Teerstrecke von Assuan bis hierher, die das Werk nachträglich lukrativ machen soll.

Die Rettung des Tempels von Abu Simbel, die ja eigentlich die Rettung eines Kulturdenkmals vor den Folgen des technischen Fortschritts war, fällt aus der Perspektive des technischen Fortschritts sonderbarerweise mit dem Fortschritt selber zusammen. Beides, der Bau des Staudammes und die »Rettung« des Tempels per Zerlegung und Wiederaufbau wurden entsprechend miteinander geplant und durchgeführt. Der Bau des Staudammes war verdienstvoll, weil er Elektrizität und damit vorgeblich »Wohlstand« in eine Wüstenregion brachte. Die Rettung des Tempels durch Konservierungsarbeit trug zum »Wohlstand« wohl dadurch bei, daß man ihn anschließend viel besser ›besichtigen‹ konnte. Vielleicht stellte man sich die Angehörigen der vertriebenen Stämme aus dem Gebiet des Stausees als konsumbewußte Angestellte der Staudammbetreiber vor, wie sie, zu Wohlstand gekommen, mit ihren Autos auf der neuen Teerstraße zum alten Tempel fahren würden, um dort ein Picknick zu machen ...

Das Denken in solchen Kategorien stammt, wie der Staudamm, aus dem Zeitalter der Mondlandung, einer Zeit ungebrochener Fortschrittshoffnung und der Träume von einer Welt, die sich dem Zugriff technischer Rationalität vollständig zu öffnen schien. Fast hat man es vergessen. Man fabulierte damals von der Bewältigung des Hungers durch Algenfarmen in der Tiefsee, genauso wie von mythischen Göttern als interstellarem Besuch, der uns, dem Autor Däniken zufolge, die technischen Leistungen des Ackerbaus beigebracht haben soll ...

Die Apparatur wie der Hunger sind bekanntlich gewachsen. Die Götter haben die Hände im Schoß. Nilschlamm füllt das bilharzioseverseuchte Becken des Stausees. Das Fruchtland Unterägyptens versalzt durch extensive Bewässerung, während an den Ufern des Nil die touristischen Attraktionen zerfallen – die Sphinx etwa – als Folge des permanent höheren Grundwasserstandes. Man wird das »in Ordnung« bringen, gewiß, durch Entsorgung, Desinfektion, Absaugen des

Nilschlamms; man wird die Sphinx mit Beton abstützen und vielleicht auch an ihr Temperatur- und Feuchtigkeitsfühler anbringen. Wir kennen das Prinzip. Es wird uns nach wie vor tagtäglich verkauft, auch wenn die Methoden subtiler und die Planungen – was uns eigentlich irritieren sollte – umfassender geworden sind.

Das Prinzip besteht darin, daß etwas, das bisher gleichsam ›von selbst‹ geschah, das also einen vom technischen Betriebstypus weitgehend unabhängigen Charakter hatte, nunmehr zu einer Art technisch-wissenschaftlichem Pflegefall wird. Der Assuan-Staudamm, Abu Simbel, ein Atomkraftwerk, Gesundheit und die Schönheit der Natur – nichts geht mehr von selber. Wir haben verstanden. Der zersägte Tempel ist eigentlich peripher. Er ist jedenfalls unwichtiger als die Zwangsumsiedlung ganzer Eingeborenenstämme, die das Gebiet des Stausees »bewohnt« und nicht etwa nur »genutzt« hatten. An der Handhabung solcher Fälle zeigt sich, wie umstandslos wir alles, was uns irgendwie wichtig erscheint, zum technischen Wartungsfall machen, d. h., daß wir es mit Rationalisierungstechniken, Kommunikationstechniken, Analysetechniken, Restaurierungstechniken, Konservierungstechniken, Betreuungstechniken usf. vermählen.

Als Wartungs- und Pflegefall ist »Abu Simbel« nicht mehr einfach ein altes Symbol des sakralen Weltverhältnisses. Der Tempel ist nun zugleich ein Stück des technischen Raumes geworden, eines Raumes, durch dessen Einrichtung wir uns verhalten, als könnten wir angesichts der vergangenen viertausend Jahre jederzeit für die kommenden viertausend Jahre gutsagen bzw. technische Garantien übernehmen. Auch die umgesiedelten Menschen sind zum Wartungs- und Pflegefall geworden. Sie sind nun Asylanten auf Lebenszeit und brauchen Betreuung, weil sie – ähnlich bestimmten Pflanzen, die man ins Treibhaus stellt – zwar überleben, aber doch nicht ohne die Symbiose mit dem System, das sie mit »Wohlstand« versorgt und in das man sie zu ihrem »Glück« mit einbezogen hat. Auch für sie, für ihre nun sogenannten »Traditionen« und die aufgelassenen Lebensumstände wird gutgesagt, die Folklorisierung und Musealisierung ehemaliger Natur- und Weltverhältnisse ist strukturell nichts anderes als die »Rettung« des Abu Simbel und der Bau des Stausees. Die Übernahme von »Verantwortung« dafür, daß dies auch alles klappt, wird in einem System, das im wesentlichen aus Wartungsfällen besteht, gut bezahlt.

II.

Der Wartungsfall als »Prinzip Verantwortung«

Heute häufig debattierte Varianten des »Prinzips Verantwortung« (bzw. des Prinzips Wartungsfall), wäre die Einlagerung von Uranabfällen oder die Nichtweitergabe von Atombomben. Nicht, daß es gefährlich oder ungefährlich, sinnvoll oder unsinnig ist, derartiges zu tun, interessiert hier. Interessant ist vielmehr, daß alles, was mit solchen Techniken und Absichten zusammenhängt, zum Fall gesellschaftlicher Verantwortung wird. Gesellschaftliche Verantwortungsfähigkeit im technischen Raum ist aber nun keineswegs ein subjektives Ethos, wie manche immer noch zu glauben scheinen. Sie ist – vor allem in technischen Gesellschaften – selbst ein Organisations- und Wartungsfall gegenüber wechselnden Verantwortungshorizonten. »Verantwortung« wird im technischen Raum also ›produziert‹ – etwa in Form von Hierarchisierung und bürokratischer Elitenbildung. Was man unterscheiden sollte, ist die reale *Verantwortbarkeit* bestimmter Sachverhalte und die *Atmosphäre* der Verantwortung, d. h. jene Atmosphäre, die durch den Habitus, das öffentliche Auftreten und das zugestanden hohe persönliche Verantwortungs*gefühl* allenthalben präsenter, hochangesehener Verantwortungsträger entsteht. Die Vermutung, je mehr »Verantwortung« in einem System durch Hierarchisierung erzeugt wird, desto eher ließen sich anstehende Wartungsfälle als verantwortbar darstellen, *seien* es aber in Wirklichkeit gar nicht, liegt nahe.

Das Muster weitausgreifender Verantwortungshybris hat natürlich Tradition. Die ägyptischen Grabtempel waren ja auch Wartungsfälle. Die Kosten zu ihrer jahrhundertelangen Erhaltung, der Pflege und der Praktizierung des Totenkults waren ähnlich hoch, wie es die Kosten für die Beamtenhierarchien sind, welche heute die sekundären Systeme der Sicherstellung des Lebens betreuen und interpretieren helfen. Die ägyptische Priesterkaste verschwand mit dem ägyptischen Staat, die »Zukunft«, für die sie zu jedem beliebigen Zeitpunkt zu sorgen schien, war nur ein imaginärer Entwurf mit sozialen Funktionen.

Im technischen Raum ist menschliches Leben schlechthin ein Wartungsfall für Verteilungstechniker, Bildungstechniker, Medizintechniker, Sozialtechniker und staatlich bezahlte Interpreten. Vorteil und Nachteil der Technik? Naturzerstörung? »Zukunftsverantwortung« – unsere Enkel und auslaufendes Öl? Endlagerung von Uran? – Wie nett! Wie uninteressant! Wie kurzsichtig, trotz aller ökologischen Tapferkeit und Zukunftsverantwortung der bezahlten Verantwortlichen, sind Perspektiven doch, die sich verantwortungsethisch mit so etwas befassen.

Der Begriff der Technik und das Problem der Wartungsarbeit sekundärer Hierarchien gehören zusammen. Der Anteil der Wartungsarbeit in unseren Gesellschaften ist bekanntlich im Wachsen. Man redet dabei fälschlicherweise von Dingen wie »Dienstleistungssektor« oder »Verwaltungssektor« und assoziiert »Lebensqualität« mit dem Überhandnehmen der Wartungsarbeit, wohl weil man sich dabei irgendwie vorstellt, durch Bedürfnisbefriedigung, Versorgung mit Gesundheit, Bildung, Verwaltung usw. »bedient« zu werden. Daß man selber der Diener in einem Haus ist, in dem kein Herr, sondern das Haus selber die Befehle gibt, ahnt man zumindest. – Unsere Ministerien und Universitäten sind

Hochburgen sekundärer Wartungsarbeit, die selbst zur Rationalisierung ihrer eigenen Struktur noch zusätzliches Personal benötigen würden. Unsere Kliniken, unsere Verwaltungen, die Verkehrsverhältnisse, die Organisation der Arbeit, wie der »Freizeit« – das Sekundäre und das Abarbeiten des Sekundären in sich steigernder Atemlosigkeit und informationstechnisch gesteigerter Ausbreitungsgeschwindigkeit überwiegt von der Personalverwaltung bis zum Pauschalurlaub alles, was mit primärer Erfahrung oder realer Gegenwart, Lebensqualität oder erfülltem Dasein zu tun hat. Es geht dabei also nicht nur um die von George Steiner einmal für die Kunst diagnostizierte Wucherung der Kritik und Kunstwissenschaftstätigkeit gegenüber primärer Tätigkeit.

Was geschieht eigentlich, wenn ein bestimmter Lebensraum, eine Art des Wohnens, eine Form der Mitmenschlichkeit, ein Tempel, das Ethos der Hilfeleistung, ein Krieg, eine künstlerische Form, eine Landschaft usf. zu einem technischen und damit auch zu einem verantwortungstechnischen Wartungsfall werden? – Vielleicht ist es nützlich, diese Frage einmal unter eine etwas außergewöhnliche Perspektive zu stellen; und zwar die des *Raumes*.

Man müßte dabei zunächst historische, etwa technik- oder politikgeschichtliche Betrachtungsweisen beiseite stellen. Der Gedanke mag irritieren, weil im Reich des Verstehens heute die Historiker herrschen. Aber könnte man das, was wir Geschichte nennen und unter der Perspektive von Vorkommnissen in der Zeit zu sehen gewohnt sind, nicht doch wenigstens versuchshalber einmal unter die Perspektive des Raumes nehmen, um dann von einer Raumherstellung bzw. der Einrichtung oder Ausräumung von Raum zu sprechen, statt von einer Abfolge von Vorkommnissen, technischen Erfindungen, politischen Ereignissen? Was wäre Raum in diesem für die Hermeneutik eventuell nützlichen Verständnis? Nach Heidegger (der sich von der »Anthropologie« distanziert) wird Raum z. B. »eingerichtet« im Sinne einer

»Freigabe von Orten« für das »menschliche Wohnen«.[1] Der Anthropologe und Architekt Joseph Rykwert beschreibt die Einrichtung des Raumes einer antiken Stadt, auf älteren Beschreibungen antiker Stadtgründungen fußend, als »Contemplatio« bzw. als die symbolische Verknüpfung von landschaftlichen, kosmologischen und architektonischen Markierungen durch einen Priester, der somit das zu begründende neue Zusammenleben bedeutsam macht. Friedrich Bollnow, Rudolf zur Lippe und andere unterscheiden in diesem Zusammenhang etwa den »Ortraum« des Mittelalters (als Netz zeitlicher, topologischer, hodologischer und symbolischer Bezüge, in dem sich der gläubige Christ bewegte) von dem neuzeitlich abstrakt definierten Raum der Mathematik, auf dessen Differenzierung dann wieder die modernen physikalischen Aussagen über Raum und Zeit basieren. Lewis Mumford und Günter Dux untersuchten im Hinblick auf diesen Wechsel die Geschichte der Zeitmessung als Geschichte einer sozialen Raumeinrichtung von den neolithischen Anfängen bis heute. Immer gilt ein enges Verhältnis von technisch eingerichtetem Raum, bestimmten kosmologischen Vorstellungen und gesellschaftlichen Verantwortungshierarchien. Um ein strapaziertes, aber eingängiges Beispiel zu nennen: Im Zeitalter der Atombombe (physikalisch: »Materie ist Energie«) gilt kosmologisch die Urknalltheorie, und die gesellschaftlichen Verantwortungshierarchien gipfeln im Weltsicherheitsrat als der letzten Überwachungsinstanz zur Nichtweitergabe der Bombe an ›Unverantwortliche‹. Dieses Modell ist heute dabei, ausrangiert zu werden. Die Zukunft deutet sich an in der höchstentwickelten Technik als der Informationsverarbeitung, in der dieser entsprechenden physikalischen Theorie (»Materie ist Information«) und in verantwortungstechnisch zumindest schon denkbaren Gremien für die Erteilung von Satellitenlizenzen oder ähnlichen Strukturen.

1 Vgl. dazu den Beitrag »Die Technik und das Leiden«, im vorliegenden Band S. 90.

III.

»Raum« als Korrespondenz und Umgebung – eine Unterscheidung

Systematisch, d. h. in einer gewissen starren Behelfsmäßigkeit des Denkens, die man anschließend wieder aufheben müßte, kann man unterscheiden zwischen einem ersten Raum, der durch die Korrespondenz der am sozialen, politischen und ästhetischen Geschehen Beteiligten entsteht und sich mit Bedeutung und Sinn erfüllt.[2] Dieser ist als Bezugsgeschehen in die Lebenszusammenhänge der ihn etablierenden Menschen eingelassen und repräsentiert diese, indem seine Orte, Symbole und Wege zur Korrespondenz herausfordern.

Im Unterschied dazu stünden die technisch im ganzen erzeugten »Umgebungen« oder auch Geschehensstrukturen. Eine solche – denken wir an eine architektonische Großstruktur, eine Metro, eine Mall, einen Pauschalurlaub – bringt ihren Sinn schon mit. Sie kann, wenn sie einmal hergestellt oder inszeniert ist, vernünftigerweise nur noch bedient oder geschickt ausgeschmückt werden. Umfassende Umgebungen dieser Art haben den Vor- oder auch den Nachteil, daß man in sie hinein Menschen ›einrichten‹ oder ›eintrainieren‹ kann, d.h., man kann sie überreden, sich auch ästhetisch korrespondierend »einzuarbeiten«. Man kann Menschen sogar dazu überreden, sich zeitlebens in hergestellten Umgebungen »einzurichten« und die dadurch entstehenden ästhe-

2 Zur Entstehung des politischen »Raumes« hat vor allem Carl Schmidt (Land und Meer) eine theoretische Brücke geschlagen. Vgl. R. Knodt, »Der Nomos der Erde – Eine Betrachtung zum Raumbegriff bei Carl Schmidt«, in: *Philosophisches Jahrbuch der Görres-Gesellschaft*, München 1991/92, S. 321–334. Vgl. auch Tilo Schaberts auf Rykwert basierende Untersuchungen zur Stadt: *Stadtarchitektur – Spiegel der Welt*, Zürich 1990, und »Das Schöpferische und das Nichts – Zwei Erfahrungen von der Architektur der Stadt« (unveröff. Ms. 1993, im Besitz des Verfassers).

tischen Defizite durch symbolische Surrogate wettzumachen. Ob diese Menschen in solchen Umgebungen jemals wohnen, sei in der Schwebe gelassen. Jedenfalls würde das fluchtartige Verlassen bestimmter Umgebungen gegenüber anderen, in denen dann technisch unterstützt »Urlaub« gemacht wird, die Frage aufwerfen, was bei solch einem Wechsel eigentlich gesucht wird und ob eine realistischere Beschreibung des »Wohnens« nicht ganz vom Umgebungsbegriff abgehen müßte. Es deutet sich immerhin an, daß wir das Defizit bestimmter Umgebungen als Veranstaltungen des technischen Raumes nicht etwa durch echte ästhetische Korrespondenz, sondern meist im Gegenteil, durch die Teilnahme am Betrieb anderer technischer Veranstaltungen ersetzen und so ästhetisch gesehen gar nicht mehr »in« Umgebungen uns befinden, sondern eigentlich nur von technischer »Veranstaltung« zu »Veranstaltung« laufen – unerfüllt, aber stets kurz vor der Erfüllung.[3]
Das »Einrichten« des Menschen in eine technisch hergestellte oder gar bloß technisch funktionierende Umgebung, wie sie etwa ein im Flug befindlicher Bomber über Feindesland bedeutet, wo also der Kopf des Piloten in einem Helm steckt, der ihm sinnliche Eindrücke simuliert, die scheinbar »alltäglichen« Verrichtungen eines Menschen in Los Angeles bei einer durchschnittlichen Einkaufsfahrt, erfordern im wesentlichen geschicktes Be-dienen von Geräten. Die Perspektive, daß ganze Umgebungen des technischen Raumes im Extremfall gewissermaßen Geräte sind, ist um so realistischer, je fragwürdiger der Sinn derselben ist. – Gleichfalls bemerken wir aber, daß der »Sinn« solcher Umgebungen keinesfalls auf die Verständnisebene eines Gegensatzes von »ästhetischen« und »instrumentellen« Aspekten gebracht werden darf. In solchen Umgebungen ist auch die soziologische Rede von (instrumentellen) »Sekundär-« oder »Tertiärbedürfnissen« gegenüber wichtigen »Primärbedürfnissen«

3 Vgl. dazu den Beitrag »Liebes Montafon«, im vorliegenden Band S. 111.

(etwa ästhetischer Art) unzureichend: Der Einkauf, das Autofahren und Tanken, das Kommunizieren über Apparate, das Abschließen einer Versicherung oder der Kauf eines Computers wird tendenziell immer mehr zu einer augenfällig gepflegten, sinnerfüllten Form des Daseins mit hohem Flanierwert, d. h. ästhetischem, bziehungsweise atmosphärischem Anspruch.[4]

Die Hypertrophie des Herstellens von Umgebungen gegenüber der schon nostalgisch anmutenden Einrichtung von Raum als einem Ort menschlichen ›Wohnens‹ führt also nicht einfach zu einem Gegensatz von »Primärem« und »Sekundärem«, sie führt, genauer betrachtet, zur *Allianz* technischer und ästhetischer Momente. Beim Zusammentreffen derselben geht es nun (a) um die Verwüstung schon eingerichteter Räume, (b) die Verhinderung von »Einrichtung« in einem nostalgischen Sinne bloß ästhetischer (z. B. symbolischer) Korrespondenz und (c) um ein atmosphärisches Hypergeschehen in Allianz von technischem Raum und *ästhetischer Korrespondenz*, das noch kaum gesehen, aber nun eigentlich interpretationswürdig wird.

IV.

Beispiele – Wahrnehmung und Korrespondenz

Bei einem Ferngespräch mit einem Freund hatte ich vor nicht allzu langer Zeit den Eindruck, daß etwas an der ›Verbindung‹ nicht stimmte. Immer wieder schien es, als wäre das Gespräch für kurze Zeit unterbrochen. Ich fragte mehrmals, ob mein Freund mich auch ›gehört‹ habe, ob er noch »dran« sei, usf. Ich konnte mir zunächst nicht erklären, was mich ständig auf den Gedanken gebracht hatte, daß unsere Verbin-

4 Vgl. dazu den Beitrag »Das Prinzip ›Mall‹«, im vorliegenden Band S. 131.

dung gestört sei, doch stellte sich der Grund bald heraus. Mein Freund hatte sich ein neues Telefon zugelegt, das durch eine digitale Steuerung die Leitung nur freigab, wenn auch wirklich ›gesprochen‹, d.h. durch Lautsignale »Informationen« ausgetauscht wurden. In den Sekundenbruchteilen der Gesprächspausen oder in längeren Intervallen der Überlegungszeit schaltete es ab und sparte Leitungszeit. »Technisch« war das Telefon also vollkommen in Ordnung. Nur für unsere Art, miteinander zu reden, war es offenbar zu raffiniert. Es ließ nicht ›durch‹, was man vielleicht als ›Gesprächsatmosphäre‹ bezeichnen könnte, einen ästhetischen Nebenaspekt, den Anlaß, sich dauernd »verbunden« zu fühlen. Atmosphäre ist heute – abgesehen vom sogenannten »Betriebsklima« – kein besonders vielbesprochener Gegenstand. Es ist vielmehr etwas, das wir aufgrund bestimmter Vorgaben entwerfen bzw. korrespondierend mit anderen Menschen aufrechterhalten und technisch zwar unterstützen, aber nicht ersetzen können. Das Rauschen, das wir in den Gesprächspausen am Telefon bisher hörten, war etwa der Anlaß gewesen, eine ›technisch‹ womöglich gar nicht existierende Verbindung zu unserem Gesprächspartner wenigstens ästhetisch zu entwerfen. Falls wir jetzt statt eines Rauschens oder Knisterns in der Leitung eine *technische Stille* wahrnehmen, das ›Abgeschaltet-Sein‹, dann wird uns bewußt, daß wir auch bisher durch das Telefon ›abgeschaltet‹ waren. Dies also störte unser Gespräch, weil es durch die Präzision der eingebauten Mikrophone und ihrer Schwellenwerte sinnlich merkbar machte, was bisher im technischen Eigengeräusch des Apparates verdeckt war. Ähnliche Beobachtungen gibt es bei den Medien. So brachte man etwa heraus, daß die Hörer von gewissen Hörspielen das leichte Knistern einer »Rundfunkatmosphäre« der völligen Klangreinheit vorziehen, weil dieses Knistern eine bestimmte sinnliche Qualität des Mediums mitschweben ließ, das atmosphärisch »überbrückte Ferne« ahnen bzw. korrespondierend mitentwerfen ließ.

»Atmosphäre« ist etwas, das technisch nicht ohne weiteres substituiert werden kann, weil sie unsere rezeptiv-produktiven Fähigkeiten, also der schöpferischen Korrespondenz bedarf. Dieses Mitmachen ist natürlich *beeinflußbar* – etwa durch bestimmte Symbole oder Formen, durch ein Dekor, durch bestimmte Gegenstände oder deren Zitat und Simulation. Es ist jedoch nicht zu ersetzen, denn gerade die Ersetzung macht sich als Defizit bemerkbar. Ein Fest, eine Wohnung, ein Gespräch haben nur »Atmosphäre« durch unsere Fähigkeit der ästhetischen Korrespondenz, die sich auf die manifesten Vorgaben (des Festes, der betreffenden Wohnung, des Gesprächs usf.) bezieht. So läßt sich auch erklären, warum sich Atmosphäre auf andere überträgt, verstärkt oder abgeschwächt werden kann, warum sie durch ästhetisch versierte Menschen zu bestimmten Zwecken eingesetzt bzw. gestaltet wird.

Ein weiteres Beispiel. Am Ortsrand einer amerikanischen Kleinstadt in Carolina gibt es einen neu angelegten Friedhof, der mehr oder weniger aus einem Park mit Großtankstelle besteht. Die Werbeaufschrift der Anlage »At one stop!« – also Grabbesuch und Auftanken, Andacht und Wagenwäsche. Wir wissen im Grunde nicht mehr, was wir dazu sagen sollen. Es ist nicht, daß wir nicht wüßten, was hier fehlt – etwa eine bestimmte gewohnte Ikonographie oder die Stille, die nach traditioneller Auffassung angeblich zur Friedhofsatmosphäre, zu Achtung und Andacht gehört –, wir stellen vielleicht auch noch fest, daß einem Denken, das es schlicht ›praktisch‹ findet, Wagenwäsche und Grabbesuch zu verbinden, ohne dies zugleich auch grotesk zu finden, vielleicht eine Dimension fehlt. Totengedenken ist an solch einem Ort, so mag es uns vorkommen, offenbar schlecht möglich, es sei denn, wir haben gewisse Wahrnehmungs- und Entwurfsfähigkeiten so weit transformiert, daß jener Grabbesuch, die Wagenwäsche, das Auftanken und das Beten ineinandergehen, daß also der Service-Teil der Anlage und das, worauf es uns ankommt, gewissermaßen

als integriert, als Allianz von Betreuungsfällen wahrgenommen wird.
In Europa mögen Friedhöfe noch nicht direkt an Großtankstellen angebaut werden. Es werden aber jederzeit Eisenbahntrassen oder Schnellstraßen mit Großtankstellen an Friedhöfen vorbeigeführt, und man muß annehmen, daß jene amerikanische Anlage nur eine drastische Präzisierung der Geisteshaltung ist, die der technische Raum erzeugt, indem er das menschlich Einzurichtende (die Beziehung des Andenkens zum Verstorbenen) zum Fall einer Gräberwartung – ähnlich der Automobilwartung macht.
Worum es geht, dürfte klar sein: um die Verhinderung der korrespondierenden ›Einrichtung‹ eines Raumes der Atmosphäre, der Achtung, der Stimmung, der sublimen Bedeutungen, also um die Verunmöglichung ästhetischer Korrespondenz durch technische Hypertrophie, d. h. durch den Versuch der vollständigen Uminterpretation eines Falles, der mit Leben und Sterben zusammenhängt, in einen technischen Wartungsfall. Ich behaupte nicht, daß wir nicht doch eines Tages die synästhetische Situation des »Tankstellengrabbesuchs mit Autopflege« als normal und unseren ästhetischen Ansprüchen gemäß erleben. Worum es mir nur geht, ist die Struktur, die Art der Verwandlung, d. h. um das Verhältnis zwischen *ästhetischer Korrespondenz* einerseits und einem *Wartungsfall* andererseits.
Fügen wir noch ein drittes Beispiel an. Im Yellowstone Nationalpark brennt der Wald. Der Touristikbetrieb geht dennoch weiter. Die Besucher fahren mit Geländeautos und Wohnmobilen durch den Park. An einem »Park«-Platz mit Supermarkt und Restaurant ist Hochbetrieb. Eines der Wohnmobile hält direkt vor der Theke. Bevor die Tür aufgeht, wird ein elektrisches Treppchen ausgefahren, dann steigt eine Frau im Bademantel mit Lockenwicklern heraus, hält die Luft an, holt sich ein offensichtlich aus dem Wageninneren mit einem Autotelefon bestelltes Paket von der Theke und verschwindet wieder in die Metallkapsel, aus der

heraus sie mit ihrem Ehemann das Naturschauspiel des Waldbrandes mit dem Fernglas verfolgt. Löschzüge, Autos, Touristen, die trotz Brandgeruch auf den Bänken ausharren, die Aluminiumkanzel des Wohnwagens vor der Silhouette des Naturschauspiels »Waldbrand im Yellowstone Park«, drei Meilen weiter das Naturschauspiel »Old Faithful«, eines Geisers, und noch weiter entfernt das Naturschauspiel einer steil abfallenden Schlucht des aus vielen Hollywood-Inszenierungen berühmten Indianerflusses »Yellow River« . . .
Diese Vorgänge sagen etwas über unser Naturverhältnis. Sie sagen etwas, das nicht im naturwissenschaftlichen Reden über »Natur« aufgeht, und sie schaffen auch eine Dimension, die von der Technik-Ethik oder der zeitgenössischen Ökologie kaum berührt wird. Weiterhin haben wir vielleicht auch Probleme, hier bloß von einem Fall des »Landschaftsentwurfs«, dem Blick fürs Pittoreske und ähnlichen traditionellen Versatzstücken der *Naturästhetik* zu reden. Es scheint vielmehr, dies alles würde in der vorgestellten Szene eher ironisiert, ja zu einer Art Groteske verschmelzen, deren Wirklichkeit nicht in den aufgezählten Einzelaspekten, sondern in deren Allianz zu suchen wäre.

Was findet hier statt? Sicher hat es mit unserem technischen Naturverhältnis zu tun. Sicher hat es auch mit »Naturästhetik« zu tun. Die Besucher des Yellowstone Nationalparks kommen aus aller Welt hierher, um jene »Natur« zu erleben, die im amerikanischen als *wildlife* bezeichnet ist und von der »Natur« im Sinne des Kosmos oder des naturgesetzlichen Zusammenhanges, von dem Kant sprach, unterschieden wird. Die »unendlichen Wälder«, die Schwefelquellen, die sorgfältig gegen Fußtritte der Touristen durch Holzplanken geschützten Kalkablagerungen der Geiser, die Tiere ... »Wildlife«, das ist eine touristische, eine soziale, eine technische Veranstaltung mit ästhetischem Aufforderungscharakter zur gelegentlichen Korrespondenz – eine »Performance«.

Die »Naturausbeutung« im Sinne des Bestandabbaus, also

etwa einer Ölpumpstelle, und das, was technisch an Service und Infrastruktur aufgebaut werden muß, um Hunderttausende von Wohnmobilen durch einen »Wildlife Park« zu schleusen und deren Insassen zu verköstigen, dürften sich gleichen. Das Naturschöne, die Szenerie, das Schauspiel, das alles ist zugleich ein technischer Wartungsfall. Die *technische* Aufbereitung und der Entwurf von »Schönheit« im Sinne pittoresker Vorgaben des 19. Jahrhunderts ist also als ein *permanent* ablaufendes, immer zugleich auch *veranstaltetes* und *verantwortetes* Geschehen zu deuten, das mit dem Sinn des »Naturschönen« als Spiegel eines harmonischen Kosmos (etwa bei Comenius), mit dem »romantischen Blick« (etwa bei Carus) oder der Auffassung der Natur als demjenigen, was dem Menschen entgegenkomme, nur noch in einem völlig veränderten Sinne zu tun hat.[5]
An dieser Stelle müßte nun eigentlich eine Frage aufgeworfen werden, die die Rolle der philosophischen Naturästhetik beträfe. Womöglich hat deren Geschichte nämlich gerade damit zu tun, daß wir bestimmte ästhetische Auslegungen der »Natur« heute tatsächlich so bedenkenlos *technisch* veranstalten. Versuchen wir dieses Problem statt dessen über einen zugegebenermaßen ungewöhnlichen Weg anzugehen ...

V.

»Durch die Wüste ...«

Die Wüste ist jener Raum, wo Phantasie gefährlich scheint, wo extreme Anstrengungen sinnlos und unvernünftig wären, und sei sie auch der Raum der großen Geheimnisse. In der Wüste wie in der Danteschen Hölle »rettet« nur eines: das langsame, aber sichere Vorwärtsmarschieren mit dem Führer, zügig und schweigsam, so wie der moderne Mensch

5 Vgl. dazu den Beitrag »Liebes Montafon«, im vorliegenden Band S. 111.

über Generationen die Strecke seiner Arbeit durchmaß – am imaginären Ende der Wegstrecke eine Ahnung von Oasen, von schattiger Rast und paradiesischen Gärten.

Die ins Ge-stell gewanderte Ordnung der Vernunft braucht keine Verteidiger mehr, sagte schon Heidegger. Wir täten besser daran, die Ränder jenes Raumes abzutasten, der sich längst überallhin ausgebreitet hat, zu erforschen also, wo Vernunft zynisch wird, wo sie erlischt, wo die Kunstlosigkeit und die mangelnde ästhetische Korrespondenz zur Natur einbrechen, wo ästhetische Bedürfnisse technisch inszeniert werden und die Sehnsucht nach Korrespondenz in den Kontakt mit den Bildschirmen wandert. Die ins Ge-stell gewanderte Ordnung braucht keine Verteidiger mehr, dies heißt nun also, als philosophischer *Anspruch* genommen und nicht bloß wissenschaftlich *interpretiert*, daß eine ganz bestimmte Art von Denken herausgefordert ist, ein Denken nicht der Ordnung, des Erklärens oder des bloßen Verstehens als schriftlicher Interpretation, sondern ein Denken der Wahrnehmung, ein Denken in Korrespondenzen, ein Denken, das als ›gültig‹ verstanden oder wahrgenommen erst dasjenige wertet, was auch zur »Antwort« im Sinne schöpferischer Korrespondenz geführt hat, genauso wie die Techniker erst als Problembewältigung gelten lassen, was zu einer Form der Praxis geführt hat.

Jenes Denken betrifft die Fähigkeiten des menschlichen Leibes, die sich nicht in Information und Handeln, in Herstellen und Bedienen erschöpfen, die vielmehr in den Fähigkeiten bestehen, ein Geschehen als solches teilnehmend zu erfahren und zum ästhetischen Anspruch werden zu lassen. Es sind jene Fähigkeiten, mit deren Hilfe wir uns selber einrichten, mit anderen zusammen und mit unserer Vergangenheit, jene Fähigkeiten, aufgrund deren wir, atmosphärisch gesehen, Teilhabe erreichen in einem Sinne, der durch Informationsübertragung nicht substituierbar ist, der immer wieder von primären Tugenden assistiert der Umwandlung der Welt in das technische Bild, das wir von ihr haben, widersteht. Es

wäre ein Denken, das aus Korrespondenzgründen ins Erzählen münden darf, das etwa von einer Wüste berichtet, in der sich eine Karawane im Sand bewegt. Ihr Führer ist blind. Er führt sein Tier am Zügel, bückt sich bisweilen und nimmt eine Hand voller Sand in den Mund und kaut, richtet das Gesicht nach der Sonne. Dann geht er weiter, an seiner Seite ein Kind. Die Karawane ist groß, wie eine langsam ziehende Stadt. – »Dort blinkt es, am Horizont«, sagt das Kind. »Eine Spiegelung«, erwidert der Führer, »dort ist nicht der Weg.« »Es kommt näher! Es sieht aus wie ein Schild, das sich aus eigener Kraft bewegt«, sagt das Kind. »Es geht vorüber«, der Führer. »Nein! Es kommt auf uns zu!«
Eine Kapsel, die aufsetzt, nicht weit von den ziehenden Menschen. Eine Luke öffnet sich. Kameraaugen und Teleskoparme spiegeln die Farben der Wüste. Die Karawane stockt, einige steigen ab. Die Spiegel rotieren, träge nimmt ein Schäufelchen Proben. Die Kapsel verschluckt den Sand, kleine Steine. Auf der Kapsel eine Plakette, hell glänzend. Einkerbungen darauf, Striche, Sonnenreflexe. Die Männer beginnen zu reden: »Was kann das sein? – Was ist das? Woher wird es wohl kommen? – Es ist ein Rätsel, wahrhaftig.« Einer berührt wie in Ehrfurcht das glänzende Sonnensegel ...
»Es ist spät!« Das ist alles, was der Karawanenführer sagt. Der Tag hat nur noch zwei Stunden. Eine Verspätung macht den Weg zur Gefahr. Die Karawane zieht weiter, kopfschüttelnd der eine, der andere. – »Was war es?« fragt das Kind. »Es hat Sand verschluckt. Es sah aus wie ein Stern.« – »Wer weiß?« erwidert der Führer, und wirft das Ende seines dunklen Kopftuches über die Schulter. Wir werden darüber reden, wenn wir ankommen. Vielleicht ist es wichtig, und man muß es noch einmal besuchen, vielleicht nicht. Man wird sehen ... Und sie reiten, verschwinden. Die Kapsel steht da mit der glänzenden Tafel, den Zeichen, den Kerben; schnurrende Rädchen nehmen noch immer Proben. – Am Horizont eine Luftspiegelung, groß wie ein riesiger See ...

Der Unterschied zwischen ästhetischer Korrespondenz mit den Dingen und der hergestellten Umgebung als Naturverhältnis sollte nicht oberflächlich als der Gegensatz von »lebensweltlich« und »technisch«, »ästhetisch« und »anästhetisch« gesehen werden. Es sind vielmehr immer Allianzen von Technik und »Kunst«, Technik und »Natur«, Technik und »Lebenswelt«, um die es geht. Jener deutsche Forschungsminister, der »Kultur« einmal als den moralischen Einsatz der Apparatetechnik definierte,[6] hat sich zumindest in einer Hinsicht vergriffen, Kultur mag mit Technik und Ethik zu tun haben, aber sie hat auch mit Ästhetik zu tun, und sie ist im ganzen genommen vor allem Wahrnehmungs- und Korrespondenzfähigkeit des Menschen in einem durch Allianzen geprägten Raum des gemeinsamen Lebens. Vielleicht sind für deutsche Forschungsminister Karawanenführer in erster Linie Menschen, die geschickt Wüsten durchqueren. Was aber tun diese Menschen am Abend in der Oase, wenn sie sich Märchen erzählen? – Warum durchqueren sie Wüsten?

Fortschritt *gerätetechnisch* zu begreifen ist nur eine Kurzsichtigkeit. Kultur jedoch administrativ in der Kombination von Gerätetechnik mit Ethik zu begreifen, zeigt, wie sehr der Minister bereits ein Produkt des technischen Raumes ist, in dem er als Gerät hängt. – Nutzlos ist allerdings philosophische Mühe im Kampf gegen Geräte, denn wer nicht wahrnimmt, was ausgedrückt werden müßte, merkt es auch nicht, wenn es ausgedrückt ist. Hilfreich ist vielleicht der Hinweis auf jene Techniken der Korrespondenz, der ästhetischen Erfahrung und des Verhaltens, die wir zu schnell bereit sind, zu einem Wartungs- und Verantwortungsfall zu machen. Die vorschnelle Meinung, das eine oder andere Verfahren habe uns hier die Arbeit erleichtert, löscht Möglichkeiten sinnvollen Lebensvollzugs. Es ist natürlich sinnvoll, sich von

6 Heinz Riesenhuber in einer Talkshow mit Journalisten und dem kurz darauf durch Attentat umgekommenen K. H. Beckurts im ZDF im Februar 1986.

Maschinen Arbeit abnehmen zu lassen, nicht aber Leben. Für den Bereich der sogenannten wissenschaftlichen Argumentation gilt dasselbe. Die vorschnelle Meinung, eine erzählte Geschichte könne entweder auf ihren »argumentativen« Gehalt hin rekonstruiert oder aber als »nebulös« vergessen werden, erzeugt jene akademischen Anästhesisten, die ihren Mangel an Spürsinn durch handwerkliches Pathos begleichen. In diesem Sinne ist es auch bemerkenswert, daß heute tatsächlich eigens Lehrstühle für »Wahrnehmung« eingerichtet werden müssen, weil die Philosophen mit Heraklits Rede von der Witterung nichts mehr anfangen können.

Die Aufgabe – wenn derartige Ansprüche angesichts des herrschenden Betriebs nicht bescheiden unformuliert bleiben sollten – wäre also das Einüben ästhetischen Denkens als Wahrnehmung und Korrespondenz. Es wäre das Einüben in den Zusammenhang von Wissenschaft und Dichtung, jenem Zusammenhang, aus dem heraus Philosophie ursprünglich Bestand hatte. Das Interesse der Hermeneutik greift hier ein, auch wenn ihr Erkenntnisinteresse und ihre Legitimität heute weitgehend historisch verpflichtet sind und nur am Rande als wahrnehmend deutende Korrespondenzen charakterisiert werden können. Letztendlich aber geht es nicht nur ums Verstehen und um Auslegung und nicht nur um Geschichte – es ginge um *Ausdruck* und *Anspruch*, um Rezeption und Produktion, um eine sprachliche Kunstlehre der ästhetischen Korrespondenz . . . um Antwort!

Ob wir die Würde hätten, zunächst einmal weiterzuziehen in unserer Karawane, wenn uns jener glänzende Stern vor die Füße fiele? Was geschähe, wenn die Kapsel niederginge, etwa neben der frisch geteerten Omnibuspiste zwischen Assuan und Abu Simbel – der Bus voller Menschen, Fellachen, Touristen?

Ich nehme an, wir würden tatsächlich weiterfahren, denn neben der Sonde stünde – unserer Würde aufhelfend – ein Posten mit weißem, glänzendem Helm, und seine ganze

Haltung und die Handbewegung, mit der er den Bus weiterwinkte, wären ganz ähnlich jener zwingenden Selbstverständlichkeit, mit der der Karawanenführer einst sagte, es sei spät. – Diejenigen aber, die die Sonde später zerlegten im Wissenschaftsauftrag, würden als Kernstück ihres ganzen gewissenhaften Betriebes schließlich einen Behälter finden im dunklen Raum der Kapsel, computerüberwacht, und darin eingeschlossen, in Nährlösung glänzend, ein präpariertes Menschenhirn.

... Mein Elend ist so wunderlich,
So einzig in seiner Art auf Erden,
Daß ihm, ich glaube es festiglich,
Noch nie ein ander Elend glich!
Unglücklich durch alles, was ich fühle,
Unglücklicher noch durch das, was ich
Nicht fühle! ...

CHR. M. WIELAND,
Wintermärchen

Die Technik und das Leiden

Skizze einer ästhetischen Pathologie des technischen Raumes

Was mich an den technischen Fähigkeiten der alten Ägypter immer wieder erstaunt hat, ist, daß sie diese doch zum beträchtlichen Teil dem *Tod*, der Mumifizierung, dem Pyramidenbau, den Begräbnisfeierlichkeiten und dem Unterhalt riesiger Tempel- und Grabanlagen auf Generationen hinaus widmeten. Vielleicht liegt in dieser Ausrichtung eine heute nicht mehr genügend reflektierte Einsicht, ein Ethos gesellschaftlicher Lebensführung, dem wir uns im Rahmen unserer Technikauffassung erst wieder nähern müssen, benutzen wir sie doch – vorgeblich jedenfalls – zur Leidensminderung und Lebens*verlängerung*. Es könnte aber auch sein, daß wir im Grunde nichts anderes tun als die alten Ägypter, nur versteckt und ohne, daß uns dies auf Anhieb klar würde. Bezeichnen zeitgenössische Essayisten unsere Technik nicht immer wieder als »Todestechnik« und stellen ihr mögliche »Lebenstechniken« gegenüber?

Das eine scheint mir nun das andere zu sein, und ich will, um dies zu zeigen, zunächst einige Gedanken Heideggers zum Thema Technik aufgreifen, dann einen Gedanken zum Raum damit kombinieren und schließlich eine kleine Skizze zur ästhetischen Situation des Menschen in einem von ihm eingerichteten »technischen Raum« anfügen. Der technische Raum ist jener, dem wir uns vorgeblich zur Bewältigung, Verlängerung und zum Schutz unseres Lebens, zur Befriedigung unserer Bedürfnisse und zur Verwirklichung unserer gewagtesten Träume selbst gezimmert haben, der aber gleichwohl wieder zum Leiden führt und daher im Rahmen einer *ästhetischen Pathologie* erfaßt werden müßte.

I.

Heidegger: Die Technik, das Ge-stell

Der zentrale Gesichtspunkt in Heideggers Philosophie der Technik lautet, daß das »Wesen der Technik« das »Ge-stell« sei,[1] welches unterschieden werden müsse von einer »instrumentalen« Einordnung der Technik als »Mittel«.[2] Die Redeweise vom »Ge-stell« als Wesen des technischen Hervorbringens (*poiesis*) verbindet sich mit den Begriffen des »Stellens«, der »Herausforderung« und des »Bestands« und tritt in enge Verbindung mit den Ausdrücken »Darstellen« und »Herstellen«,[3] sowie den mehrdeutigen Ableitungen »bestellen« oder »stellen« – etwa der Natur, deren »gewaltsames Entbergen« Technik ist. – Das Gewaltsame, Willkürliche dieses »Stellens« und »Bestellens«, der »Herstellung«, der »Herausforderung«, der Rede vom »Bestand« usf. schwebt unausgesprochen in den Wendungen der Technikschrift. Schließlich verschiebt sich die Rede vom »Ge-stell« zu der vom »Geschick« (»Das Ge-stell ist eine geschickhafte Weise des Entbergens, nämlich das herausfordernde«)[4] und der »Gefahr«. Das Gefährlichste ist der Irrtum, die Technik sei ein

1 Martin Heidegger, *Die Technik und die Kehre*, Pfullingen 1962, S. 25. (Die Seitenangaben beziehen sich auf die 4. Auflage 1978.)
2 Ebd., S. 6, 7.
3 Ebd., S. 23 ff.
4 Ebd., S. 29.

beherrschbares Mittel. Technik läßt sich »niemals durch ein bloß auf sich gestelltes menschliches Tun meistern, weder positiv noch negativ«.[5]

Dies alles ist mittlerweile oft dargestellt und populär bebildert, wie auch ökologisch ausgeschlachtet worden.[6] Die Schlußfolgerungen seien deswegen nur resümiert. »Technik« ist kein *Mittel* des Handelns, sondern ein Naturverhältnis, keine Handlungsweise, sondern Seinsgeschick. Nicht wir haben die Technik, sie hat uns, d. h., die Rede vom »Handeln« und die moralischen Steuerungsversuche über den Verantwortungsbegriff und seine praktischen Ausformulierungen verfehlen das Problem grundsätzlich. Es ist die instrumentelle Gesamtperspektive der Technik, die zu der Annahme verführt, es gebe Orte diesseits oder jenseits, an denen Fuß zu fassen wäre, z. B. diskursive Steuerinstrumente, wo es im Grunde nur Vorsicht, Orientierung am Nicht-Instrumentellen (etwa dem ästhetischen Dingbezug) und ansonsten Verzicht und »Verwindung« gäbe.

Heideggers »Lösung« verknüpft sich mit dem Begriff der »Kehre«. Diese ist keine »Folge« der Gefahr, noch ist sie abhängig von »Verfall, Verlust, Verhängnis und Katastrophe« oder deren mahnender Auflistung. In enger Verbindung mit den Vorstellungen von einer »Lösung« steht sodann der Ausdruck: »Einblick«. Der »Einblick« ist die Art, wie die »Epoche des Gestells« »zu Ende« zu bringen ist. Die undeutlich verklingenden Fragen nach diesem Einblick, nach einem »Blitz«, die Wiederholungen aus Hölderlins Patmos-Hymne (»wo die Gefahr ist, dort / wächst das Rettende auch«) und tastende Sprachgesten beenden die Technik-Schrift. Sie lassen uns die Wahl zwischen einer bloß formelhaften Ahnung oder eben einem erneuten

5 Ebd., S. 38.

6 Sehr typisch bei Hans Peter Padrutt, *Der epochale Winter, Zeitgemäße Betrachtungen*, Zürich 1990 (zuerst 1984), S. 134 ff. Padrutt entwirft eine kleine Systematik des Stellens vom »Herstellen«, »Vorstellen«, »Feststellen«, »Nachstellen« usf.

Umkreisen der in Frage stehenden verborgenen »Wahrheit der Technik«.

Nehmen wir die Suche auf der Spur des eben erwähnten Ausdrucks der »Verwindung« auf: Die Formulierungen, die das anvisierte Ende der Epoche des Ge-stells zum Inhalt haben, lauten, daß das Wesen der Technik in seine »noch verborgene Wahrheit verwunden« werde, »ähnlich dem, was geschieht, wenn im menschlichen Bereich ein Schmerz verwunden wird«.[7] Daß der Schmerz, die »Verwindung des Schmerzes«, in die Nähe der Lösung des Technikproblems rückt, scheint mir bezeichnend. Das Technikproblem selber stellt sich nämlich neu, wenn es mit dem Schmerz und dessen Verwindung in Verbindung gebracht wird. Man könnte dann etwa fragen: Betrifft die »Rettung« gar nicht die Bewältigung, sondern selber eine Art Schmerz, der verwunden werden muß, wie es der italienische Philosoph Gianni Vattimo im Zusammenhang mit Heideggers Nietzsche-Rezeption vermutet hat?[8] Sagt diese Art der »Rettung« vielleicht rückverweisend wieder etwas über die Technik?

Einiges spricht dafür, solch einen Verständnisweg zu wählen. Heidegger hat in den Nietzsche-Vorlesungen das Wort Platons vom Menschen als dem »kranken Tier« aufgenommen, das sich im Verlauf der Kulturierung immer weiter schwäche, und damit die Anthropologiediskussion stark beeinflußt.[9] Er bestimmt zudem die Struktur des Daseins als Sorge, wobei das »Besorgende« unseres »Umgangs« als »Geschick« und das »Geschickhafte« unseres »Entbergens« in der Technik gipfeln.

Gleichwohl erscheint mir eine Auffassung, die die Technik als »Schwäche« bzw. als Schmerz »verwunden« wissen will,

7 Heidegger (Anm. 1), S. 38.

8 Vgl. Hans Martin Schönherr, »Das Schwache Denken – postmoderne Philosophie in Italien: Zwischen Umberto Ecos ›Der Name der Rose‹ und Gianni Vattimos ›Verwindung von Dialektik und Vernunft‹«, in: *Nürnberger Blätter*, Jg. 2, Nr. 3, Juni 1986, S. 1 ff.

9 Martin Heidegger, *Nietzsche*, 2 Bde., Pfullingen 1961.

höchstens eine Näherung, nicht aber schon der Aufweis der gesuchten Perspektive. Der Topos von der »Technik als Schwäche« mutet eher als das Gegenspiel zum Baconschen Credo des technischen Humanismus der Neuzeit an, also der Technik im Verständnis einer »Stärke« bzw. einer Macht über die Natur. Daß die eingebildete Stärke des Menschen im Grunde Schwäche sei, ist ansonsten ein mystischer Topos. »Du aber rennst dahin auf den Pfaden der Nacht, und deiner Hände Werk ist nichts als Schwäche«, heißt es bei Hildegard von Bingen.

Bei Rousseau finden wir bereits eine komplexere Sicht. Dieser hatte in den Verteidigungsbriefen zum *Discours sur l'origine de l'inégalité* davon geredet, daß man das »Eisen« der Kultur in der Wunde lassen müsse, und in einem berühmten Brief an Charles Bonnet im November 1755 formuliert: »Bitte vergessen Sie nicht ..., daß die Gesellschaft der menschlichen Art natürlich ist, wie der Verfall des Alters dem Individuum natürlich ist, und daß die Völker die Künste, die Gesetze, die Regierungen brauchen, wie die Greise die Krücken brauchen.«[10]

Dies läßt sich aufs Nachdenken über die Technik übertragen. Technik ist im ganzen genommen das Naturverhältnis des Menschen, also seine Stärke und Schwäche zugleich. Es läßt sich durch ökologische Technikkritik wohl die Wahrnehmung für umfassendere Zusammenhänge fördern oder die Sensibilität für umfassende Folgen technischen Handelns steigern, doch läßt sich keine grundsätzlich neue Haltung zum Menschen, zur Natur und zum technischen Raum als dem wüster werdenden Garten der menschlichen Apparaturen gewinnen.

10 Jean-Jacques Rousseau an Herrn Philopolis (Charles Bonnet) vom November 1755, in: J.-J. R., *Diskurs über die Ungleichheit (Discours sur l'origine de l'inégalité)*, krit. Ausg. des integralen Textes mit allen Fragmenten, übers. von Heinrich Meier, Paderborn 1984, S. 467.

II.

Die Kunst und der Raum

Vom technischen Raum als einem Garten zu reden, mag für manche Ohren wie ein Affront klingen, doch ist ein Garten seiner Idee nach nichts anderes als die innige Verbindung von technischem Bestand und natürlichen Prozessen als ein vom Menschen eingerichteter Raum. Streifen wir, um dieser zur Zeit öfter ventilierten Idee eine andere Dimension zu geben, einen zweiten Aspekt in Heideggers Nachdenken. Er betrifft das Verhältnis von allgemein hervorbringendem menschlichem Handeln (*poiesis*) und dem »Raum« in einem Vortrag für den Bildhauer Eduardo Chillida von 1969, sein Titel: »Die Kunst und der Raum«. Interessant sind die Äußerungen zum Verhältnis des »technisch-physikalischen« Raumes zu dem von der »Kunst« hervorgebrachten: »Die Kunst und die wissenschaftliche Technik betrachten und bearbeiten den Raum in verschiedener Absicht auf verschiedene Weise. Der Raum aber [...], ist es nicht jener Raum, der seit Galilei und Newton seine erste Bestimmung erfahren hat?«[11]

Die rhetorische Weiterführung des Gedankens ist also die sachliche Infragestellung dessen, was man zunächst für eine Selbstverständlichkeit halten würde. Die Passage lautet weiter: »Doch kann der physikalisch-technisch entworfene Raum, wie immer auch er sich weiterhin bestimmen mag, als der einzig wahre Raum gelten? Sind mit ihm verglichen, alle anders gefügten Räume, der künstlerische Raum, der Raum des alltäglichen Handelns und Verkehrs, nur subjektiv bedingte Vorformen und Abwandlungen des einen objektiven kosmischen Raumes?«[12]

Die Reflexion hält nirgends fest, gleitet von Frage zu

11 Martin Heidegger, »Die Kunst und der Raum«, Vortrag in der Erkergalerie, Sonder-Dr. St. Gallen 1969, Ausg. 1983, S. 7.

12 Ebd., S. 6 f.

Frage und legt schließlich nahe, als das »Eigentümliche des Raumes«, von dem auch die »technisch-physikalische« Fügung unserer naturwissenschaftlichen Weltentwürfe abhängt, seinen *poietischen* Charakter anzusehen. Raum wird »eingeräumt«, und zwar »in der Weise des Zulassens und Einrichtens«. Er ist ein Gefüge aus Orten, das dem menschlichen Wohnen »Heimat« gibt bzw. jene Zusammenhänge aus Geborgenheit, Tabu, Sakralität usw. schafft, die Raum als daseinsbezogenes »Gefüge der Orte« ausmacht. Die hierbei vorgenommene Identifikation von Ort und Ding erinnert an Aristoteles: »Wir müssen erkennen lernen, daß die Dinge selbst die Orte sind und nicht nur an einen Ort gehören.«[13]

Die Reflexion zehrt von Husserl und versucht (übrigens ähnlich wie bei Sartre in Sein und Zeit, der auch auf Husserl aufbaut, diesen aber hodologisch weiterdenkt) die Identifikation von Raum und Ort in einer vor-geometrischen Sicht ästhetischer Korrespondenz zu festigen: Raum ist verstehbar entweder als die »Gewährung« bzw. »Freigabe« virtuell schon vorhandener oder aber als die »Einrichtung« neuer »Orte«, indem menschliches Wohnen statthat, was dem Raum nun den Sinn eines Geschehens in der Zeit gibt.

Auch der »naturwissenschaftlich-mathematische« Raum ist solcherart ein Geschehen gesellschaftlicher »Poiesis«. – Er ist keinesfalls zu verwechseln mit einer »mathematisch physikalischen« Beschreibung des Kosmos, der »Natur« oder mit einem Wahrnehmungsapriori, wie es die klassische Philosophie (etwa Kant) formulierte. Vielmehr ist Natur selber ja schon »Hervorbringung« im Sinne des naturwissenschaftlich eingerichteten Raumes mathematisch physikalischer Theoriebildung auf der Basis der Technik. Die mathematischen Beschreibungen des Raumes der Moderne, die die klassische Geometrie auflösen und die Newtonschen Bestimmungen

13 Ebd., S. 11.

relativieren, die Heisenbergsche Unschärferelation und Einsteins Rückbindung des Massebegriffs an die Zeit in der Energieformel, all dies ist poietisch gleichrangig, ja teilweise sekundär gegenüber Korrespondenzvorgängen, die uns »Raum« prinzipiell erschließen – eben als die »Versammlung jener Orte« (auch der technisch-naturwissenschaftlich definierten) die im Wohnen des Menschen freigegeben bzw. eingerichtet werden.

Dies ist nur eine Denkskizze »nach Heidegger« und bitte nicht mit einer Heideggerinterpretation zu verwechseln. Ich gebe gern zu, daß ich diesen Gedanken auch bei Cassirer hätte aufsuchen können, der in Europa gegenüber Heidegger nicht genügend beachtet wird. Dennoch ist Heideggers Versuch nützlich, weil er die Vorstellung eines »technischen« Raumes nicht automatisch mit den Fragen nach Mathematik und Naturwissenschaft identifiziert, sondern sie von einem ästhetischen *Korrespondenzvorgang*, dem »Einrichten«, der Freigabe von Orten usf. abhängig macht. Im Zusammenhang von Technikdenken und dieser Reflexion zum Raum läßt sich nun »Technik« als die eigentliche und entscheidende Raumpoiesis des Menschen *ästhetisch* denken – als jener Raum eben, der im Sinne der Weltgesellschaft ein großes »Einrichten« des Menschen gegenüber der »Natur« und zugleich im poietischen Entwurf von »Natur« ist. *Dasein ist technischer Raum* und seine Geschichte. Nicht mathematisch physikalischer Raum und nicht naturwissenschaftlicher Raum, sondern ein *Geschehen* – Poiesis –, ein Hervorbringen des Menschen, der damit vor sich selber zeigt, daß er selbst noch als Techniker ein Korrespondenzwesen ist.

III.

Kritik der Technik als Pathologie des technischen Raumes – eine Skizze

Auf der Basis dieser Überlegungen erscheint die Bemerkung Heideggers von der Technik als zu »verwindendes Geschick« nun interpretierbar im Sinne einer (ungeschriebenen) Pathologie des technischen Raumes auf ästhetischer Grundlage.[14] Was dabei heute in Frage steht, und worauf auch jener schillernde Ausdruck der »Verwindung« deutet, darf sich nicht mehr nur oberflächlich mit dem Gegensatz von »ästhetischem Denken« einerseits und anästhetierenden Situationen (im technischen Raum) befassen. Es muß vielmehr in das Korrespondenzverhältnis von technisch entworfenem Raum als einer Form der Produktion und des Machens – und auf der anderen Seite auf das Leiden als einer Form der Rezeption und der Widerfahrnis reflektieren, das der technische Raum genausogut ist. Es muß schließlich zur ästhetischen Korrespondenz mit dem werden, was Leben als Bedürftigkeit einerseits und als Poiesis andererseits ist.

Nicht durch Einbeziehung der ›Kunst‹ also wird der »ästhetische« Grund des Raumes fruchtbar, wie immer wieder vermutet wird, sondern umgekehrt: Durch den Gedanken des Raumes als einem Ergebnis ästhetischer Korrespondenz werden ästhetische Überlegungen für die Technik bzw. die »Epoche des Ge-stells« fruchtbar. Das heißt denn aber auch,

14 Die Redeweise von der »Verwindung« wird bei Heidegger vor allem in den Nietzsche-Vorlesungen strapaziert, wenn es um die »Verwindung der Metaphysik« geht. Auch diese dürfe, wie es bekanntlich heißt, nicht einfach »abgeschafft« werden. Vielmehr muß sie auf neue Weise dargestellt werden, und zwar unter Einbeziehung jenes Problemzusammenhanges, den wir bisher *mit Hilfe* metaphysischer Strukturen ausgedrückt haben. Parallel dazu könnte man versuchen, die landläufige Technikkritik ästhetisch zu reformulieren, aber auch eine historische Dimension der Raumpoiesis zu öffnen – etwa anhand der Anthropologie, der Baugeschichte, der Technikgeschichte . . .

daß die *Ökologie*, soll sie sich denn tatsächlich von Heidegger befruchten lassen, auch ästhetisch werden müßte. – Die folgende Skizze versucht ein wenig, mit Möglichkeiten der ästhetischen Kritik aus solch einer Perspektive zu spielen. Sie legt das »Ästhetische« nicht im Sinne der Kunst aus, sondern ganz banal im Sinne dessen, was man »spürt« bzw. sinnlich erfährt. Man verkenne im übrigen den Ausdruck »spielen« nicht. Er meint keine Spielerei, sondern das, was ›reizt‹.

1. *Menschliches Handeln hat statt in Räumen begrenzter Beherrschbarkeit und bringt diese durch Handeln zugleich hervor.*

Der Ausdruck »Raum« ist hier metaphorisch gebraucht, doch gerade die Metapher war in den letzten fünfzig Jahren fruchtbar für tiefergehende Untersuchungen: Cassirer, Heidegger, Rykwert, Rudolf zur Lippe und die moderne Anthropologie untersuchten das Problem der Raumerzeugung als ein durch den menschlichen »Leib« induziertes Verhältnis von »Innen und Außen«. Resumierend: Raum ist ein Geschehen, in welchem sich jene Orte »versammeln«, an denen menschliches Wohnen »statthat«, an denen Götter oder Geister erscheinen, die tabu sind, die Asyl gewähren, Heil oder Verdammnis bedeuten. In einem vielfältig imaginierten »Außen« liegt der gemeinte Grund allen Leidens und Hinnehmenmüssens, das Unbeherrschbare und Unerbittliche, die Gefahr, das Unheimliche. Die Grenze wird in den Schöpfungen der Kunst, aber auch in den Religionen wahrnehmbar.

Der »Raum«, um den es hier geht, ist nicht der mathematisch naturwissenschaftliche Raum. Auch das Geographische kommt nicht in Betracht, denn auch geographische Räume würden erst durch bestimmte Techniken des Messens und des In-Beziehung-Setzens entstehen. Weiterhin ist der »Raum«, um den es geht, nicht ›naturgegeben‹, denn die »Natur« ist dem Menschen nicht gegeben. Sie ist vielmehr eine Perspektive zur Umschreibung dessen, was dem Menschen nicht durch Handeln zugänglich ist. Die Auffassung von der Natur als »Gesetzeszusammenhang« liegt verhältnismäßig spät und sie setzt Raum als ›ästhetisches‹ Apriori der Erfahrung voraus.[15] – Genausogut ist auch die Rede von der »Eroberung« eines Raumes« kein Hinweis auf vorher vorhandenen Raum. Es ist vielmehr wohl sinnvoller, zu sagen, daß die »Eroberung« erst ihren ganz spezifischen, z. B. militärischen Raum einräumt. Daß dabei andere Räume »ausgeräumt« bzw. bestimmte Zusammenhänge zerstört werden, ist jener Sachverhalt, der heute ökologisches Denken stark befaßt. Die wirklich dramatische Zerstörung von »Natur« durch »Technik« ist aber gerade diejenige, die wir aufgrund unserer technischen Poiesis *nicht* konstatieren.

2. *Das Erzeugen von »Raum« und die Techniken seiner Erzeugung sind die dem Menschen eigene Art, mit dem Leiden zurechtzukommen, welches auch nicht einfach Schmerz ist, sondern jede Art der Widerfahrnis bzw. der Unfähigkeit, etwas zu »machen«.*

Auf einer ersten Stufe ist »Leiden« vielleicht ›Ohnmacht‹ gegenüber der »Natur«. Eine Krankheit, gegen die man nichts tun kann, eine Katastrophe, eine schlechte Ernte usf. Auf dieser Stufe kann ein Medikament, eine Schiffspassage, ein Staudamm als »Sieg« gelten. Dahinter steht der Mythos vom Kampf. Allerdings besteht hier von jeher ein dialektisches Verhältnis: Die Gewalten, »gegen« die man kämpft, sind zugleich die Götter, die man anruft.
Die Ablösung der Götter von bestimmten Naturerscheinun-

15 Vgl. dazu auch die schöne Stelle in Kants »Dialektik der teleologischen Urteilskraft«: »[. . .] daß, da einmal ein solcher Leitfaden [der teleologische; d. Verf.] die Natur zu studiren aufgenommen und bewährt gefunden ist, wir die gedachte Maxime der Urtheilskraft auch am ganzen der Natur wenigstens versuchen müssen. [. . .] Aber in Ansehung des letzten Gebrauchs ist jene Maxime der Urtheilskraft zwar nützlich, aber nicht unentbehrlich, weil uns die Natur im Ganzen als organisiert [. . .] nicht gegeben ist.« (I. Kant, *Kritik der Urteilskraft*, Akademieausgabe, Bd. 5, Berlin 1968, S. 398.)

gen ist die Lösung des Menschen aus seiner direkten Fesselung ans Widerfahrnishafte des Lebens. Das Eigenständige der Naturgewalten in symbolischer Form tritt zurück, der technische Raum gewinnt selbst den Charakter von Natur (nämlich als Anwendung der Naturgesetze) und wird damit zu jenem vereinnahmenden Horizont, der heute als allgemeines »Geschehen« den Menschen umfängt. Um dies nachzuvollziehen, braucht man sich nur die bannende Kraft der jeweils dominierenden Technik für zeitgenössische Theoriebildung zu vergegenwärtigen. Bis vor kurzem war es die Atombombe, die unsere technische Metaphysik bebilderte und den Horizont kosmologischer Theorien abgab, bald wird es die weltweite Vernetzung der Medien sein. – Im Bewußtsein unserer Grenzen reden wir also vor Horizonten, die zugleich das Paradigma unserer Hoffnung wie unserer Bedrohung abgeben. Ob wir dabei aber von Gott reden, von der Atomenergie oder vom technischen Raum der Informationsverarbeitung – so ist dies allemal eine Struktur, in der auf etwas »außerhalb« des von uns *eingerichteten* (symbolischen wie technischen) Raumes reflektiert wird, auf etwas, in dem wir gerade nicht geborgen sind, auch wenn unser Raum ins Unendliche seines »Innen« ausdifferenziert würde.
Es ist ja nicht wirklich »Naturbeherrschung«, die wir durch das Ausdifferenzieren unserer »technischen« Fähigkeiten erreichen, seien es Fähigkeiten der Kommunikation, der Organisation oder andere. Die Rede von der Naturbeherrschung ist vielmehr eine Hilfskonstruktion, die – sich am alten Bild des Gartens orientierend – verdeckt, daß wir tatsächlich nur die Einrichtung eines technischen Raumes und seine immer weiterführende Ausdifferenzierung beherrschen. Dies mag dazu führen, daß wir versuchen, die Welt in unser Bild von ihr zu verwandeln, d. h. alles um uns einschließlich uns selber in technisch manipulierbare Phänomene umzuinterpretieren. Aber es führt nicht automatisch zur Korrespondenz im Sinne einer Allianz von Technik und Natur. Diese tragen wir selbst als ästhetische Wesen.

3. *Es ist zum Verständnis einer »technologischen Gesellschaft« nützlich und aufschlußreich, zwischen der »Einrichtung« eines Raumes im Sinne ästhetischer Korrespondenz und der »Herstellung« einer Umgebung als einem technischen Produkt zu unterscheiden. Beides sind materielle ›Techniken‹, doch nur besagte Einrichtung hat einen hoffnungsvollen Aspekt.*

Was wir heute »Fortschritt« nennen, geht architektonisch, bautechnisch, organisatorisch usf. immer stärker auf die Möglichkeiten hin, ganze Umgebungen fertigen zu können. Diese kann man als Welten des entfremdenden, beschleunigten oder zerstörten Symboltausches verstehen. Man könnte hier aber auch das Wachsen gewisser Gegenden über den bei Heidegger in die Nähe der ästhetischen Korrespondenz gestellten Ausdruck des »Einrichtens« zu beschreiben suchen.

Unter *Einrichten* kann man jene Tätigkeit verstehen, die Vorhandenes oder zweckvoll Hervorgebrachtes im Hinblick auf Absichten und Notwendigkeiten der Lebenstätigkeit ordnet und mit *Sinn* ausstattet. Dem so entstehenden Raum entspricht eine Ordnung symbolisch bedeutungsvoller Bezüge, wie ihn etwa Cassirer beschrieben hat und wie ihn – dem Muster nach – zum Beispiel auch Konzept-Künstler entwerfen. In einem eingerichteten Raum *wohnt* der Mensch, die Dinge haben Bedeutungen, eine Geschichte, sie sprechen, d.h., sie können so etwas gewinnen wie »Patina«, sichtbares oder gewußtes »Alter« und Aura; d. h., sie heischen ›Achtung‹, sie symbolisieren Hoffnung oder Sehnsucht.

Technisch *hergestellte* Umgebungen unterscheiden sich hiervon beträchtlich. In ihnen hält sich der Mensch nur auf. Er mag versuchen, sich in sie einzurichten, doch braucht er dazu heute bereits länger, als diese Umgebungen manches Mal bestehen. Wer sich in hergestellten Umgebungen aufhält, ist dort *fremd.* Er bedient den hergestellten Raum nur wie ein

Gerät. Die Versuche Le Corbusiers, »Wohnmaschinen« zu bauen, und die Kritik, die sie bei Adorno oder Bloch gefunden haben, sind bekannt. Heute sind wir stolz, Großkonzepte zu verwirklichen, also Geschehensräume von geradezu aberwitzigen Ausmaßen herzustellen. In diesen Umgebungen wird dann eine Zeit lang agiert, etwa ein Produkt, ein Service verkauft, dann werden die Gebäude, die eigentlich nur Veranstaltungen sind, wieder abgerissen. Der Vorteil technisch hergestellter Umgebungen ist, daß sie schnell ausgetauscht werden können (etwa auch die Umgebung »Operationssaal« mit der Umgebung »Autobahn« oder der Umgebung »Skipiste«). Ihr Nachteil ist, daß sie ihren Sinn schon immer bei sich haben und nur mehr »bedient« werden können. Sie sind kristallisierte Zwecke, auf deren Basis wir nach Meinung einiger Anthropologen »entlastet« weiterarbeiten können. Die Entwicklung geht aber keineswegs hin zum sublimeren Leben auf der Basis entlasteter Funktionen. Sie geht zum hergestellten Raum als Gerät und zur beschleunigten Perpetuierung der Herstellung und des Bedienens. Dies gilt nicht nur für Kranken- oder Verwaltungscontainer mit ihren dekorativen Fassaden, sondern auch für Umgebungen, die eher Veranstaltungscharakter haben: Es ist heute »normal«, wenn pro Tag fünftausend Besucher mit der Zugspitzbahn auf den betonierten Gipfel bzw. die Panoramaplattform dieses umgebauten Berges fahren und anschließend Verkaufs-, Panorama- und Restaurationsgeräte bedienen oder ein Gerät namens »Skipiste« ...

Technisch hergestellte Umgebungen erzeugen einen Symbiosezustand mit den Psychen, die in sie eingerichtet sind: Die Großstädte, die Verkehrswege, die ökonomischen, nachrichtentechnischen und symbolischen Versorgungsmaschinerien für Millionen, ein geradezu symbiotisches Verhältnis zwischen diesen und den in sie verschraubten Psychen erzeugt etwas, das wir noch gar nicht richtig erkannt haben, was aber als autonome Person, Identität oder als »ästhetisches Subjekt« nicht mehr ausreichend präzise faßbar ist.

Innerhalb solcher Umgebungen wird man das, was man eigentlich als Leiden charakterisieren müßte (Identitätsschwund und die beschleunigte Einpassung in deformierende Arbeits- und Informationszusammenhänge) als Bedürfnis und Möglichkeit der Selbstverwirklichung empfinden. Abgeschnitten vom Informationschaos hält es der Städter nicht mehr aus. Es scheint plötzlich, als fehle ihm etwas. Das fehlende Stück ist die Lücke in ihm. Gelöst aus seinen symbiotischen Verhältnissen merkt er: es genügt nicht mehr, bloß ein Zombie zu sein.
Der Ausdruck Zombie, der aus der kreolischen Voodoo-Sprache kommt, bezeichnet einen Leichnam, der auf unerklärliche Weise lebt. Man kann ihn als drastischen modernen Mythos betrachten, als Symbolisation für die Erfahrung eines zwischen Geräten hängenden Stückes Menschenfleisch, dem kein Leben mehr anzumerken ist, keine Bewegung, die nicht Reflex wäre, keine »Handlung«, die nicht »Re-aktion« wäre.

4. *Industriell gefertigtes Gerät und der Bestand hergestellter Umgebungen sowie die Struktur rationalisierter Informationsprozesse ersetzt, marginalisiert und vernichtet ästhetische Korrespondenz, indem sie das menschliche Leiden und verschiedene Aspekte des technischen Raumes in ein besonders inniges Verhältnis setzt. Schmerzen, Krankheit, Verlust, Streß, ein Problem, ein unerfüllter Wunsch oder eine Sehnsucht erscheinen zuletzt als das Fehlen irgendeiner Technik, irgendeiner Institution, irgendeiner Funktion ... Der Endpunkt der Entwicklung ist die Ausräumung des menschlichen »Leibes«.*

Der »Leib« ist nicht identisch mit dem »Körper« im naturwissenschaftlich-empirischen Sinne. Vielmehr ist er ein *ästhetischer* Begriff für die Bewegungs- und Ausdruckskraft, das bedeutsame Tun und alle Handlungs- und Widerfahrnismöglichkeiten eines Wesens – kurz, seine Fähigkeit zur ästhetischen Korrespondenz. Das »Wachstum des Leibes« –

ein Ausdruck Nietzsches – ist für den einzelnen davon abhängig, daß er immer wieder bedeutsame, symbolische Akte vollzieht, daß er sich bewegt, ausdrückt, nicht eingeschränkt wird, sich entfaltend austauscht, zu Arbeit und Festlichkeiten, Leben, Sterben mit Sinn und in Gemeinschaft findet. Durch das »zur Verfügung sein« der Dinge und deren Sinn im technischen Raum werden wir vom Vollzug solcher Akte fortgesetzt dispensiert. Ja schlimmer, das Dabeisein selber wird uns vorgemacht und – etwa per Television – im Sinne eines synthetischen Dabeiseins veranstaltet, ohne uns ästhetisch dabei ›einzulassen‹. Die Ausstattung unserer Welt mit Gerät eines vorgegebenen Sinnes kann daher zur Sinnlosigkeit des Einzellebens führen, welches sich dann in repetitiven Akten unzureichender Symbolisierung erschöpft.

Während sich der industrielle Mensch also durch repetitive Arbeitsvorgänge entmenschte, tut es der postindustrielle durch die Wiederholung des symbolischen Tausches bis zu dessen Perversion bzw. dem Tod der Zeichen. Die Allgegenwart der Zeichen und ihre technische Reproduzierbarkeit ist ein Zustand, der nicht etwa nur auf »virtuelle« Wirklichkeit weist, sondern auf die Ausräumung des menschlichen Leibes – eine Form des Todes als Verlöschen von Korrespondenzfähigkeit bei sonstigem Funktionieren.

Im technischen Raum tritt dem einzelnen nicht nur »die Natur«, sondern auch »die Welt« nicht mehr als Zeichenkosmos, sondern als Bestand sich ständig wiederholender, aus dem Zusammenhang gerissener und im maschinisierten Gebrauch funktionalisierter Zeichen gegenüber; die Bilder, die Informationen, die Köpfe in den Zeitungen, die Blumen bei jeder Einladung, nach jeder Fernsehshownummer, bei jedem Krankenbesuch, der Mangel der inneren Beteiligung (durch die Häufung, die ein tatsächliches Teilnehmen verunmöglicht) und damit das Fehlen einer inneren »Aufladung« im Sinne ästhetischer Korrespondenz, die beliebige und damit reduzierte Semantik der verkauften Stimmungsträger und Einrichtungsgegenstände (man besuche ein modernes

Garten-Center), all dies macht den Strauß in der Hand und den Teich im Garten und den Springbrunnen im Zimmer und den Film im Fernseher zu etwas Monströsem, die »Information« zur Desinformation, die Köpfe in den Zeitungen zu Un-Bildern, die analytischen Präzisionsbegriffe der Denker zu Naivitäten. Weitere Beispiele für derartig monströse, weil hypertrophierte Vorgänge finden sich im Marketing oder im rationalisierten psychotherapeutischen Gespräch, wo längst trainiert wird, wie man ästhetische Korrespondenz im menschlichen Miteinander gezielt einsetzt, wie »Vertrauen«, »Wertschätzung«, »Aufrichtigkeit« usf. symbolisch ausgedrückt und zielgerichtet verwendet, d.h. mit irgendwelchen Patienten »ausgetauscht« wird.

In einer Welt, in der dies möglich ist, muß auch das innere Verhältnis zu symbolischen Gesten distanziert werden, ihr Gebrauch wird *zynisch*, wo es um Machtverhältnisse geht oder *ironisch*, wo es um deren Kritik geht, er wird unwahr, da er keine »Kommunikation« mehr repräsentiert und er wird kalt, weil er keine Korrespondenz mehr trägt. Individuen, die im starren Wertkonservativismus der Gesten (der Zeremoniösität) ausharren, vereinsamen oder lösen sich im kollegialen Miteinander von Bestätigungshierarchien psychisch auf. »Zynische Vernunft«, so wie sie sich der Kritik heute bietet, ist also, einfach ausgedrückt, eine Vernunft, die die Einrichtung von Lebenswelt durch rationalisierte Techniken des Symboltausches *durchschaut* hat, aber dem technischen Charakter dieses Prozesses gegenüber nichts tun kann, als weiterzumachen wie bisher. *Zynismus* als letzte Kraft des »Leibes«, der ansonsten bereits ausgeräumt zwischen Maschinen hängt?

Die Spitze dieses Prozesses wäre die Welt »als« Information, von der die Futuristen bekanntlich bereits so tun, als könne man den ontologischen Status von Information und Sein nicht mehr unterscheiden. – Das ganz andere Futurum eines Auswegs hieße ästhetische Korrespondenz als Unterminierung sowohl der prätentiösen Bestätigungshierarchien als auch der Rationalisierungsvorgänge. Ästhetische Korrespondenz mag ein Fundamentalismus der Begegnung sein, ein Fundamentalismus jedoch, der eine utopische Komponente hat: Er hat keine »Hoffnung« in einen Fortschritt, wie er landläufig verstanden wird, aber er zielt entgegen den Wertkonservatismen nach vorne. Er beschreibt eine Situation und er veranschlagt eine Perspektive.

5. *Zur Situation: Der technisch gestellte (d. h. der nicht mehr auf sich und seine Nächsten gestellte) Mensch weicht auf der Basis des technischen »Ge-stells« nicht in sublimere Bereiche bereicherten Lebens aus. Vielmehr ersetzt er zunehmend ästhetische Korrespondenz und damit lebbare Strukturen durch Selbstverschreibung an technische Abläufe und deren rationalisierte Wiederholung.*

Statt Verhaltens- und Kommunikationstechniken auszubilden und ästhetische Korrespondenzen zu pflegen und aufzubauen, welche Felder sinnvoller Lebenstätigkeit neu erschließen, stellt der technische Mensch zusehends *immer mehr Raum als Gerät* her. Er »bedient« am Ende seine eigenen Lebenswelten, statt wirklich in ihnen ästhetisch zu korrespondieren. Es ist einer der Hauptirrtümer unserer Zeit, in dieser Art Vorwärts überhaupt so etwas wie Fortschritt zu vermuten. Tatsächlich kennen und beherrschen wir nur verschiedene Gegenden des technischen Raumes (weil wir ihn selber gemacht haben) immer besser. Die Innendifferenzierung funktioniert gewissermaßen immer perfekter, während das generelle Problem gar nicht berührt wird.

Was wir nach wie vor nicht beherrschen, pflegen wir nach alter metaphysischer Tradition als »Natur«, »Schöpfung« oder »Umwelt« zu bezeichnen, um daraus *moralische, d. h. nicht durch Leidensabschaffung und Bequemlichkeit oder Ruhmsucht begründbare soziale Normen* abzuleiten. In diesem Bereich bewegen sich die Verfasser moderner Verantwortungsethiken und – leider – auch Teile der Ökologiebewegung. Vor allem aber bewegen wir uns selber in dieser

Welt, einer Welt, die ihren Sinn schon mitbringt. Er heißt, wohin wir schauen: Leidensvermeidung, Leidensaufschub, Leidensmilderung, Leidensverschiebung, gerechte Leidensverteilung, »Bedürfnis«-Befriedigung oder aber Leidensauswahl (ein anderes Wort für »Selbstverwirklichung«). Es ist eine Welt, die nicht mehr eingerichtet und auch nicht mehr tradiert wird, in der nicht gewohnt und gelebt, die vielmehr nur noch *benutzt und gewartet* wird. Historische Entwicklungen, das Aufbegehren einer Bevölkerungsgruppe, geistige Bewegungen, die zu praktischen Umbrüchen würden, dies alles wird uns unter Beibehaltung dieser Perspektive zunehmend als fehlende Wartungsarbeit erscheinen, als Fehler eines Weltmanagements, das hier oder da die Angelegenheit nicht im Griff hat, was dann zu unvorhergesehenen Entwicklungen oder tragischen Unfällen in einer der Kolonien des technischen Raumes führt.

Weit entfernt davon, »blind« zu sein, und der Steuerung von außen zu bedürfen, ist der technische Raum aber längst die anerkannte Ordnung der Ordnungen und daher wäre er eigentlich daraufhin anzusehen, wie sich ein »Sehen« bzw. ein Spüren und ein neues Wahrnehmen *in ihm* ausmachen würde. Bisher waren die Lordsiegelbewahrer der Vernunft der Ansicht, die technische Maschinerie müsse durch Politik oder Ethik irgendwie von außen gesteuert werden, und solche Steuervarianten zum Schutz von Mensch und Natur gegenüber einem reduzierten Technikbegriff zu entwerfen ist bis heute ein Hauptgeschäft der Verantwortungstechniker. Auch sie denken, manchmal ohne es zu wissen, »im technischen Raum« – nämlich im Raum der vorgegebenen Rechts- und Verfahrenstechniken, nur ohne zugeben zu wollen, wie peripher ihre Anstrengungen dort sind. Aber nachdem sie lange genug mit kleinem Nutzen darüber reflektiert haben, ob zu betonierende Flußufer, genetische Entitäten oder aussterbende Insekten auch »Rechte« haben können, damit man ihnen einen Rechtsanwalt besorgen kann, wird sich vielleicht herausstellen, daß auch sie die Verträglichkeit technischer Manipulationen mit irgendeinem »Außen« (der Natur, der Naturschönheit, dem »Leben«, der »Schöpfung«) bloß metaphysisch *imaginieren*, um davon abzulenken, daß sie nur den juridischen Raum ausdifferenzieren, was jeder amerikanische Scheidungsanwalt besser kann als ein Philosoph.

Die Erkenntnis, daß wir von solchen Bemühungen abzulassen hätten (daß wir sie zumindest als zweitrangig zu delegieren hätten) und uns statt dessen perspektivisch umorientieren müßten, um Rechte des ästhetischen und korrespondenzfähigen Menschen einzufordern, wäre dann vielleicht ein konsequenter Fortgang der Rede vom »Verwinden«. Im technischen Raum und nirgends sonst, so heißt die »schmerzliche« Erkenntnis, ist »Sein« im Sinne der »Anwesenheit« und also auch ästhetische Korrespondenz im Sinne realer Gegenwärtigkeit zu suchen – als Poiesis, und in Allianz mit der Technik, die ja nicht ein Mittel oder eine Apparatur fürs Dasein ist, der dann »ästhetische« Alternativen entgegengesetzt werden, die vielmehr selbst zum vollgültigen und ästhetisch befriedigenden Dasein gemacht werden muß. Es geht um einen Sinn des »Ge-stells«, in dem wir jederzeit ästhetisch denken müssen, weil es selbst ganz ursprünglich aus ästhetischer Korrespondenz stammt, weil die Technik ein grundtief »ästhetischer« Vorgang ist und zugleich doch bereits das größte Unifikationsunternehmen der Menschheit wurde. Dieser Gedanke ist für manche vielleicht schon die »Preisgabe« unserer vielgerühmten »Freiheit« *gegenüber* der Technik und der Verlust einer Autonomie, von der wir uns einbildeten, wir könnten sie als hehres Postulat des ästhetischen Menschen gegen die anästhesierende Technik setzen. Doch hätten wir bei solch einer Haltung eine Kleinigkeit übersehen, auf die schon Marshall McLuhan hinwies als er einmal darüber philosophierte, daß wir unser Hirn bereits teilweise nach »außen« verlegt hätten ...

Was die letzte Konsequenz der auf den Tod konzentrierten

Lebenstechnik der alten Ägypter anbelangt, so gibt es übrigens einen Vorgang, der symbolisch nicht treffender sein könnte: Zu den medizinischen Kenntnissen der Einbalsamierung und der Haltbarmachung von Menschenfleisch gehörte auch jene Operation, bei der dem Leichnam, bevor man ihn in eine bestimmte Lauge einlegte, das Gehirn entnommen wurde. Man verwendete dazu zwei silberne Haken und zog es damit durch die Nase heraus.

Selbst in beschränkten Verhältnissen genießt jetzt der edler Gebildete seine paar Klassiker und die Anblicke der Natur viel tiefer und das Glück seines Lebens viel bewußter als vor Zeiten.

JACOB BURCKHARDT

... we might note, that mountains today are regularly conquered by roads, trails, and especially by overflight via aircraft. The very experience of mountains has been transformed.

DON IHDE

Wo etwas real erscheint, ist es für die neue Kunst fiktiv, und das Natürliche erscheint inszeniert ...

PETER WEIBEL

Liebes Montafon

Zur Ästhetik der ›Landschaft‹ im technischen Raum

Ästhetische Naturentwürfe – denken wir an die traditionellen Beschreibungen von Humboldt bis Chamisso, an die Reiseliteratur, die Gartenkunst oder an Erlebnisformen moderner Touringpraxis – sind nicht nur technisch *unterstützt*, sie bedingen auch theoretisch den Aspekt eines distanzierten und instrumentellen Verhältnisses zur Natur als dem Fremden, dessen Neugewinn und sympathetische Anverwandlung dann »Natur als Kunst« bzw. deren ästhetischer Entwurf ist. Ob instrumenteller und ästhetischer Naturentwurf sich allerdings als schlichte *Alternative* von Entzweiung und Versöhnung voneinander abheben lassen, ist sehr zweifelhaft; eher schon erscheint es richtig, anzunehmen, daß bestimmte technische Perspektiven und der ästhetische Entwurf unmittelbar auseinander hervorgehen.

Der nachfolgende Versuch einer ästhetischen Phänomenologie will die Spur der »Naturästhetik« dort aufnehmen, wo sie zum prinzipiellen Problem des ›technischen Raumes‹ wird. Dadurch soll sich das Ästhetische als Fall einer ›Nutzung‹ herausstellen, die nur im Amalgam mit dem instrumentell technischen Entwurf der Natur zu denken ist und daher ganz anders gefaßt werden muß als etwa durch heute gängige Alternativ- oder Kompensationsvorstellungen.

Mein Ausgangspunkt ist mit bestimmten Hintergedanken gewählt. Angesichts der *Alpen* wurden – denken wir an Goethe, Seume oder Haller – vielfach naturästhetische Interpretationsmuster vorgegeben, die sich heute nicht nur in der Literatur finden – dort sind sie fast schon unerheblich –, sondern vor allem auch in bestimmten Genußstilen der technischen Lebenswelt. Wir werden die historischen Spuren daher nur anspielend aufgreifen und uns desto konsequenter auf jene Wirklichkeit beziehen, von der sich Fachästhetiker bisher gern abwandten, weil sie scheinbar nur den Maschinenteil des Geschehens abgibt, um das es im hehren ästhetischen Entwurf geht. – Für ein ästhetisches Naturverhältnis aber, das immer auch ein Naturverhältnis *im technischen Raum* ist, geht es nun auch theoretisch um etwas Neues, insofern die Charakteristik ästhetisch aufgefaßter »Natur« der instrumentalisierten gerade *nicht* entgegengesetzt werden kann. Das hier aufgegriffene »liebe Montafon« ist statt dessen im Sinne einer techno-ästhetischen Vermittlungsstelle für ästhetische *Naturkorrespondenz* zu interpretieren, oder, wie man im Anschluß an Bloch sagen könnte, als »allianztechnische« Veranstaltung. Doch greifen wir nicht voraus.

I.

Näherungen

Einem Alpendorf nähert man sich für gewöhnlich mit dem Auto. Schon die Ausfahrt aus der Paßstraße mag man wie eine frohe Botschaft empfinden. Man ist weit über die Faszi-

nation des bloßen Anblicks erhoben, meint, eine andere Luft zu riechen, einen anderen Wind zu spüren. Hinter den schneebedeckten Gipfeln liegt eine Ahnung Süden ... Dann steigt man aus und kehrt dem Panorama den Rücken, für das man schließlich den »Blick« hat. Landschaftsehen als genußreicher Entwurf eines Panoramas ist – ganz im Unterschied zur Kunstwerkästhetik – längst Massenästhetik geworden. Ein nicht bloß literarisch, sondern vor allem auch technisch – etwa seit Thomas Cooks Ausflugsarrangements für die englische Middle class – über Generationen hochgezüchteter und hochrationalisierter Genußstil hat das Panorama zum Amphitheater des metaphysischen Trostes für den Menschen des kolonisierten Lebens gemacht – so wie ja auch den Urlaub selber – schon Nietzsche hatte darüber philosophiert – zum »Muße-Ideal eines überarbeiteten Jahrhunderts«.[1]
Das »liebe Montafon«, um das es im folgenden geht, soll nun als eine Veranstaltung zur Beförderung naturästhetischer Entwürfe aufgefaßt werden – nicht ganz so, wie es Bloch mit dem Begriff der Allianz einmal für das Zusammenspiel von Technik und Ästhetik konstatierte und auch nicht ganz so, wie es Gernot Böhme kürzlich am Bild des Gartens als neue Utopie einforderte,[2] statt dessen aber vielleicht doch in einer anderen Hinsicht aufschlußreich. Ich möchte nämlich zeigen, daß »Allianzprinzipien« nicht erst eingefordert werden müssen, daß sie vielmehr allenthalben herrschen, und auch, daß

1 »Nur darf man diesen armen Zugtieren ihre ›Ferien‹ nicht versagen – wie man es nennt, diess Musse-Ideal eines überarbeiteten Jahrhunderts: wo man einmal nach Herzenslust faulenzen und blödsinnig und kindisch sein darf.« (Nietzsche, *Morgenröthe*, Aphorismus Nr. 178; KSA III, S. 157.)

2 Gernot Böhme, *Für eine ökologische Naturästhetik*, Frankfurt a. M. 1989, bes. S. 84–94. Für Böhme ist die englische Gartenanlage ein Beispiel für »Kunst mit Natur«, wobei das Ziel der eingesetzten Techniken wieder »Natur« sein soll. »Es war Natur, was man hervorbringen wollte ... Das Paradoxe, das in dieser Intention liegt – hervorzubringen, was sich von selbst zeigt –, weist darauf hin, daß der Umgang mit Natur in der Landschaftsgärtnerei ein anderer Handlungstyp war, als das traditionelle Machen und Hervorbringen« (S. 84).

sie die gesamte Problematik des neuzeitlich-technischen Naturverhältnisses spiegeln, *ohne* jene utopischen und ökologischen Hoffnungen zu erfüllen, die man leichthin mit ihnen verbindet.

Das ästhetisch-technische Allianzgeschehen »Alpendorf« beruht (ganz ähnlich wie bei einem Park) auf der Inszenierung von Atmosphäre durch Arrangement. Daß solche Inszenierungen heute meist Verkehrstechnikern und Hoteliers bzw. der Tourismusbürokratie überlassen bleiben, ist bezeichnend für den technischen Raum als Lebenswelt. Naturschönheit wird dabei zum Ambiente, zum technischen *handling* und gerätegestützten Abenteuer, in dem Parachuting, Skikarussel und Parkplatzbuffet zu Hauptattraktionen einer allgemeinen sportiven Festlichkeit avancieren, wie man sie auch aus Werbespots kennt.

Daß es dabei um Inszenierung und Teilnahme geht, läßt sich an Phänomenen nachvollziehen: Oberflächlich unterscheiden sich fremdenverkehrsgerechte Alpendörfer kaum. Ihre Gleichförmigkeit rührt nicht von irgendeiner bewahrten Tradition, sondern von der Gleichförmigkeit ihrer Zwecke, aus Beherbergung, Panorama, Essen, Parkplätzen, Sportgeräten, Folklore und Friseuren den atmosphärischen Reiz eines gehobenen Kurhauses bei gleichzeitigem Kontrast zur (gleichfalls inszenierten) bäuerlich derben, religiös und achtungsvoll empfundenen »Natur« herzustellen. Dem Wahren und Guten näher, der großen Natur, der Religion, dem Schönen und dem Erhabenen, ist es zugleich doch, als sei man dem Wilden ausgesetzt und daher (alles für den Gast) – ganz besonders bewahrt und umsorgt.

Im Versuch, Blickgewohnheiten beizubehalten, die durch die literarische Tradition vorgeformt sind, werden wir uns als Normalverbraucher der Alpenlandschaft natürlich von »störenden« Momenten abwenden. Doch was »stört« und was wir aus dem hier uns umgebenden Angebot zum jeweiligen atmosphärischen Entwurf, dem schönen Anblick, der Aussicht usw. herbeiziehen, liegt nicht eindeutig fest. Der Vorteil des touristischen »Alpendorfes« als Ort ausagierter Touringkompetenz ist die *Verfügbarkeit* der Atmosphären einschließlich dessen, was sie hervorrufen, d. h. die Möglichkeit, ein ideales Naturverhältnis immer wieder neu in vielfältigen Metamorphosen zu entwerfen. – Es wäre offenbar ein ganz besonderer Luxus, sich inmitten der techno-ästhetischen Gesamtveranstaltung ›Alpendorf‹ ausschließlich die kontemplative Einkehr im Angesicht mächtiger Alpengipfel heraussuchen zu wollen. Gewiß, manche tun dies. Andere tun anderes. Der durchschnittliche »Alpendorf-Besucher« will gerade nicht bloß »schöne Natur« mit daranhängendem Service-Teil; er will – das geht aus den vorhandenen Anlagen hervor – ein variierendes atmosphärisches Geschehen, an dem er Anteil hat; er will das *ganze Fest*, und er wird sich an den Einzelveranstaltungen desselben nach Möglichkeit beteiligen.

II.

Die Spur des Wassers
oder: das »Innere« der Landschaft

Man könnte uns bisher den Vorwurf machen, wir wären dem theoretischen, bzw. ›hochphilosophischen‹ Sinn unseres Themas ausgewichen und hätten das Problem der Naturästhetik als Kunst des ästhetischen Blicks sogar technisch mißdeutet, weil wir den metaphysischen Charakter des Naturschönen und damit die hier schlummernde normative Möglichkeit einer alternativen Praxis *mit* der Natur an die Interpretation beiläufiger Oberflächenphänomene der Tourismusindustrie vergaben.
Solch ein Vorwurf wäre allerdings nicht nur eine völlig unreflektierte Haltung gegenüber dem ästhetischen Geschehen »Alpendorf«. Es wäre auch der Versuch, aus traditionellen Gegensätzlichkeiten obsolete Interpretationsschablonen des

technischen Raumes zu machen und sie elitär gegen Bestehendes zu wenden, anders ausgedrückt, die klassische Ästhetik und ihr Verhältnis zur Natur konservativ festzuschreiben und dabei erst wirklich unerheblich zu machen. – Versuchen wir, um dies zu zeigen, das Moment des »Naturschönen« vom »Technischen« einmal tatsächlich zu trennen – nicht im Sinne historisch vorgegebener Theoriebestandteile oder leichthin »perspektivisch‹ –, sondern am wesentlich strengeren Leitfaden des zugrunde liegenden sachlichen Geschehens. Fragen wir also ernsthaft nach dem Verhältnis von Naturschönheit als einem »ästhetischen« Entwurf und jener »technischen« Nutzung von Natur, die vorschnell als nicht zur Sache gehörig interpretiert werden könnte.
Man kommt diesem Verhältnis näher, wenn man sich auf die Spur des *Wassers* im Alpendorf begibt.[3] – Wir kennen die ästhetischen Aspekte des »Wassers aus dem Berg«, des »reinen Quells«, des »klaren Gebirgsbaches« und ähnlicher traditioneller Entwürfe, und wir kennen auch ihre naturphilosophisch symbolischen Aspekte. Oberhalb des Dorfes nun, das wir uns für unsere Darstellung ausgewählt haben, liegt am Ende einer als technisches Meisterwerk berühmten Paßstraße ein Stausee und ein Elektrizitätswerk. Das Wasser, das ursprünglich direkt ins Tal floß, wird zunächst in den Stausee geleitet, aus dem nun nach einem geradezu Cartesischen Teilungsprinzip des technischen Raumes mehrerlei kommt. *Zum einen:* Betriebsstoff der Turbinen, welcher dann – gewissermaßen in ästhetischer Zweitverwertung – als »schönes Gebirgsflüßlein« weiterfließt; *zum andern:* Brauchwasser für Hotels, den Betrieb von Duschen, Whirlpools, Hallenbädern, das – diesmal in technischer Zweitverwertung – als Transportmittel für Schmutz und Fäkalien seinen Weg nimmt; *drittens:* elektrischer Strom, der die Skikarussells und Lifte bewegt, das Brauchwasser heizt und in Überlandleitungen zum nächsten »Alpendorf« geleitet wird.

3 Diesen methodischen Griff verdanke ich Ivan Illichs, *H_2O und die Wasser des Vergessens*, Hamburg 1987.

Bevor man hier bloß perspektivische und rhetorische Kniffe wittert, mag man sich vor Augen halten, was »Ästhetik« auch nach klassischer Vorstellung ist – die Lehre der Aisthesis, der *Erfahrung*, der vorgeblich sublimierten Sinnenerfahrung. Es ist nicht möglich, die ästhetischen Naturentwürfe der Alpenlandschaft, des schönen Gebirgsflüßleins oder der bewußten sonnenbeglänzten Hänge zu denken ohne die technischen Allianzen – und zwar vom Lift, der angelegten Kletterstrecke bis zur Dusche –, die dem leiblichen Training und Wohlbefinden und damit der ästhetischen Sensibilisierung dienen. Sollte man dann immer noch der Auffassung sein, daß hier unzulässige Vermischungen stattfänden, möge man sich fragen, ob man überhaupt zugeben will, daß Ästhetik etwas damit zu tun hat, daß wir Leibwesen sind. Doch sehen wir zunächst weiter.

Auf dem Stausee finden Ruderregatten statt. Angel-Erlaubnisscheine werden verkauft. Hotels nehmen die Busse auf; man sitzt – essend – vor Panoramafenstern und nimmt Teil an einem Geschehen, das als »Landschaft«, als ästhetischer Entwurf von Natur, als »Naturschönheit« oder »Szenerie« nur oberflächlich bezeichnet wäre. – Die vom Ästhetiktheoretiker Jan Assmann[4] einmal geschilderte Lustfahrt eines ägyptischen Pharao, welcher speisend auf einem Floß, abwechselnd in Betrachtung der Landschaft und seiner nackten Ruderinnen versunken, den Nil hinabfährt, wäre für dieses Geschehen strukturell wohl erhellender als die traditionelle Reflexion ums »Naturschöne«, denn auch hier geht es offensichtlich um mehr, um ein Fest aus Essen, Begegnung, Panorama, Gletscherluft und Bratenduft, um eine Art der *Fülle* und des *Gelungenseins*, welche traditionelle Naturästhetik oder die Rede von »Landschaft« nur oberflächlich anritzen würde.

4 Jan Assmann, »Der schöne Tag, Sinnlichkeit und Vergänglichkeit im altägyptischen Fest«, in: Walter Haug / Rainer Warning (Hrsg.), *Das Fest*, München 1989, S. 15 ff.

Der Zusammenhang, der sich aus dem Umweg eines Nachdenkens über das Wasser herleitet, ist also nicht unwesentlich. Das »Wasser des Gebirges«, das Wasser, dem wir scheinbar ›irrational‹, aber doch *ästhetisch gerechtfertigt* als »Wasser aus dem Berg«, als »Quell« oder »klarem Bergsee« verschiedene Qualitäten zusprechen, das Wasser im Sinne einer bestimmten, für uns wichtigen ästhetischen *Herkunft und Wirkung* also, ist durch technisches Arrangement zugleich Energielieferant und *technischer Betriebsstoff* für etwas, das uns den ästhetischen Entwurf seiner selbst als Festgeschehen und hochzeitliches Essensauftragen erleichtert, ja in der vorliegenden Form *der Allianz von Technik und Naturästhetik als Feier des gelungenen Lebens* überhaupt erst denkbar macht.
Bei der ästhetischen Kritik der Begegnung von *Technik* und *Ästhetik* angesichts von »Natur« kann es also *nicht* um den *Gegensatz* von »technischem« und »ästhetischem« *Entwurf* gehen. Wie sich am Wasser bzw. seiner technisch-ästhetischen Doppelstellung zeigt, müssen die »Wasser des Gebirges« in ihrer ästhetischen Wirklichkeit und das Wasser als technischer Stoff *eins* werden. Nicht *verschieden* wird entworfen, sondern – gerade umgekehrt – aus dem synthetischen Entwurf wird die Verschiedenheit erst theoretisch konstituiert. Das »rauschende Gebirgsflüßlein« *muß* Turbinenantriebsstoff sein, Elektrizität, Trinkwasser, Spül- und Abwasser, Sauna und Whirlpool, um den ästhetischen Entwurf seiner selbst faktisch zu ermöglichen und zu rechtfertigen. Es ist nur ein hermeneutischer Glaube, zu meinen, hier sei von zwei völlig *verschiedenen* Auffassungen die Rede, die perspektivisch auseinandergehalten werden müßten. Die genannten »Wasser« setzen überhaupt erst jenes Geschehen in Gang, das es uns ermöglicht, die beiden Perspektiven zu entwerfen, sie sind der faktische Horizont jeglicher Interpretation. Umgekehrt wäre es aber auch eine unreflektierte Form naturwissenschaftlicher Metaphysik, anzunehmen, es würde hier um »Interpretationen« ein- und desselben »Stoffes« gehen. Es geht um etwas

ganz anderes: um den technischen Raum als Geschehen und um seine ästhetische Betrachtung als die Untersuchung verschiedener Korrespondenzen.

III.

»Das liebe Montafon«

Seit der technische Raum auch im alltäglichen Denken als Horizont des Naturverlustes interpretiert wird, kommt es immer öfter zu einer Erscheinung, die man atmosphärische Reduplikation – im Sinne einer technisch geretteten und museal präparierten Natur – nennen könnte. Die Anlage, deren Sinn nunmehr aufgeschlüsselt werden soll, geht über das bisher Besprochene insofern hinaus, als sie geradezu der bewußte Reflex auf die heute überall blühende Praxis der Reservate sein könnte. So übt man sich angesichts dieser Anlage – einer *Alpendorfkopie* in Kleinformat als Animationszentrum mit Discobetrieb – in einer das philosophische Sprechen auf bezeichnende Weise kopierenden Selbstdarstellung: »Bis in die jüngste Zeit glaubte man, den Menschen und die von ihm erschaffenen Systeme (Unternehmen, Dörfer, Städte usw.) vom umfassenden Steuerungsprozeß der Natur loslösen zu können. Die globale Krise in Ökologie und Wirtschaft belehrt uns jedoch, daß der Naturablauf nicht ungestört übertreten werden kann. Je besser es den Menschen gelang, die Naturbegebenheiten exakt zu *kopieren*, um so brillanter wurde die Lösung. Die Verletzung von Naturgesetzen gehört leider zum Alltag der Menschen. Leiden und mangelnde Erfüllung sind das unweigerliche Resultat. Aus all diesen Überlegungen wurde *das kleinste Dorf der Welt* sozusagen aus dem Nichts erbaut.«[5]

5 Aus dem Selbstdarstellungsflugblatt der Anlage: »Liebes Montafon, das kleinste Dorf der Welt«, in: *A – 6791 St. Gallenkirch im Jahre 1991.*

»Aus dem Nichts« wurde hier tatsächlich etwas geschaffen, insofern im »kleinsten Dorf der Welt« alles, bis auf Teile der Einrichtung, aus Beton gegossen und damit »künstlich« im doppelten Sinne ist. Worauf es ankommt, wird in dem Wörtchen »kopieren« sichtbar. Nach Aristoteles ist Technik ja tatsächlich auch Nachahmung der Natur im Horizont eines Wissens, welches – *Poiesis* – etwas hervorbringt. Die Spur des Wassers, der wir im letzten Abschnitt nachgegangen sind, zeigte bloß die grobe Mechanik einer Maschine »Alpendorf«, wie sie in der modernen Kritik des technischen Raumes aus ästhetischer Sicht (denken wir an Baudrillard) bereits geläufig ist. Die vorliegende Anlage nun, ein Animations- und Restaurationszentrum mit nachgeahmten Bauernstuben, Herrgottswinkeln, einem künstlichen Dorfplatz vor simulierten Fassaden ehemaliger Bauernhäuser – weist auf ein Verständnis, das *weit darüber hinausgeht*. Was angesichts dieser Alpendorfkopie nämlich wie eine Verballhornung philosophischer Reflexion klingt, ist nichts anderes als die platte, technische ›Anwendung‹ zeitgenössischer Naturökologie, die den Blick nicht extra auf das verschwendet, was hier ästhetisch in Gang ist. Die Umsetzung von Theorie in Technik ist dabei so schlicht wie typisch: Der Gedanke hinter dem »lieben Montafon« lautet: Überall verschwindet das »Echte«, »Ursprüngliche« in Form alten Traditionsgutes bzw. der Montafoner Bauernhäuser. Wir (die Betreiber der Anlage) ›bewahren‹ es, indem wir es unter eine Betonkuppel verfrachten, und wir tun dies – wie geschickt doch – mit dem Geld derer, die die »Natur« lieben und hierherkommen, weil sie sich für das Echte, Alte und Ursprüngliche wie zugleich auch für den Discobetrieb interessieren.

Es wäre voreilig, hier nur Zynismus zu wittern und sich wissend abzuwenden. Was hier betrieben wird, wird heute nämlich landauf, landab zu einer vermeintlich schlauen Politik der Mitberücksichtigung »ökologischer« Prinzipien und sollte daher eingehendst betrachtet werden. Was im lieben Montafon »kopiert« wird, ist gar nicht »Natur«, sondern ein

Naturverhältnis – dessen Formen (die Häuser der Montafoner Bauern) bis vor ein oder zwei Generationen die Wirklichkeit dieses Naturverhältnisses darstellten. »Natur«, dies zeigt sich an diesem Beispiel besonders deutlich, kann im technischen Raum schon von selbst gar nicht anders gefaßt werden denn als *Naturverhältnis*, und die vorliegende Anlage, die uns augenblicklich als *Hyperkopie* der Natur, d. h. als Kopie eines Verhältnisses zur Natur entgegentritt, ist nur die sprachliche Verbrämung des ins Technische transformierten Naturbegriffs unserer ganzen Zeit. Er lautet mit den Worten der Diskothekenbetreiber: »Mitten in eine wunderbare Landschaft wurde ein dazu passendes Dorf nach altem Vorbild in die heutige Zeit eingebaut.«
Wie man etwas in eine »Landschaft« oder in die »Zeit« einbauen kann, ist nur dem Theoretiker ein Problem. Der Techniker hat längst begriffen, daß »Landschaft« und »Zeit« zum technischen Raum gehören und daß dementsprechend dort auch etwas »eingebaut« werden kann – mit Glas, Beton und dem Neuarrangement alter Symbolträger – oder noch genauer, indem man alle »Zeiten« atmosphärisch miteinander in Verbindung setzt, eine *Performance* atmosphärischer Durchdringung als ästhetisches Geschehen, das der Performance des alten »Alpendorfes« bereits überlegen ist. Die Performance heißt: »Das liebe Montafon«, genauer, jenes Montafon, das man liebt, indem man dafür bezahlt und mit Eintrittskarte durch ein Drehkreuz geht. Und warum »liebt« man es? Die Veranstalter sagen es deutlich: Das kleinste Dorf der Welt »trägt den Namen der Talschaft ›Liebes Montafon‹. Die verschiedenen Stuben in dem Dorf sind nach den einzelnen Ortschaften der Talschaft benannt. Der zentrale Dorfplatz mit Bäumen, Wasserläufen, umgeben von kleinen Montafoner Häusern ist mit zweihundertjährigen Tonpflastersteinen ausgelegt [. . .]«.
Man könnte die Anlage auch anders beschreiben: Über einer Art Hollywooddekoration aus imitierten Hausvorplätzen, bäuerlichem Marktplatzdekor mit Discothek und Barbe-

trieb zwischen Efeugirlanden und Plastikreben ist ein Glasdach gezogen, über das die Scheinwerfer einer Flutlichtanlage und Laserkanonen huschen. Daran ›angeschlossen‹ sind eine Anzahl kopierter Bauernstuben im Stil zwischen 1600 und 1850 – mit Herrgottswinkeln, Spinnrad und Kachelofen. »Natur« – bei Popmusik und Step-Dance, Jause und Irish Coffee. Sollte man den Vorhang vor einem der erleuchteten Fenster wegziehen, könnte dahinter eine Betonnische zu sehen sein und ein Scheinwerfer, der Abendstimmung simuliert. Die Anlage steht auf dem ehemaligen Dorfplatz eines Ortes, der nun als Ganzes zum Parkplatz für rund tausend Fahrzeuge umgebaut ist. Dazu die Selbstdarstellung der Betreiber: »Die Achtung vor den Leistungen vieler Generationen, welche unter schwierigsten Bedingungen unsere Heimat schufen, soll im ›lieben Montafon‹ weiterleben.«

Die Konstrukteure des »lieben Montafon« haben erkannt, was die bisherigen Touristen des »Alpendorfes« schon taten, nur vielleicht ohne es zu wissen: Sie reisten in eine technoästhetische bzw. »allianztechnische« Kopie dessen, was sie sich als »Alpendorf« ideal zurechtgedacht hatten. Statt nun die langweiligen Versuche derer fortzusetzen, die ihr Gasthaus »Alpenblick« nennen oder die Bedienungen zum Trachtentragen verpflichten, liefern sie konsequent das, was der Fall ist, ja, sie gehen noch darüber hinaus: Das »liebe Montafon« ist die *technisch* durchgeführte Abstraktion einer ganzen Alpenregion, indem man aus jedem Dorf eine Bauernstube kopiert und unter eine scheinwerferbestückte Hülle verbringt. Das Ganze folgt dem Prinzip einer amerikanischen Mall, d.h. der Einstülpung des ehemals Äußeren (ein Dorfplatz, die Fassaden von ehemaligen Bauernhäusern mit ihren Balkons, Treppchen und Blumenschmuck) ins Innere einer klimatisierten Kuppel, so daß in einem nun geradezu aufdringlich augenscheinlichen Sinne »Technik« als Retterin und Bewahrerin des eigentlich Wertvollen an der Natur posiert. Noch präziser: Die Kopie eines alten *Naturverhältnisses* durch ein neues *Naturverhältnis* kann als »Natur«

ausgegeben werden, weil dem Bewohner des technischen Raumes Natur und Naturverhältnis längst in eins gedriftet ist. – So viel zur ökologischen Hoffnung in Verbindung mit dem Wort »Allianztechnik«.

Die Realität eines touristischen Alpendorfes könnte nicht besser kommentiert, das ganze Abbild unseres modernen Naturverhältnisses als eines technischen Raumes, in dem das ästhetische Naturverhältnis *veranstaltet* wird, statt zur Gegenwelt aufzusteigen, könnte nicht gelungener sein. Es geht hier gar nicht mehr um den alten *Festplatz* »Alpendorf«, der gesundes Leben, Herzlichkeit und den Brautschmaus des Naturentwurfs festlich vernetzt. Wir befinden uns unversehens eine Stufe weiter. Es geht – am »lieben Montafon« läßt es sich lernen – um die Steigerung der Atmosphäre zu einem techno-ästhetischen Prinzip, nicht mehr um *einzelatmosphärische Realität* des Naturschönen als eines individuellen Entwurfs, sondern um die Simulation des Atmosphärischen als *Performance* und atmosphärische Überflutung mit Teilnahmeberechtigung.*

Nicht das ästhetische Erlebnis der Natur, sondern die exzessiv als atmosphärische Überflutung erlebbare Mischung aller nur denkbaren synthetisch erzeugten Atmosphären, welche ihrerseits ein Naturverhältnis vorgeben, ihr ›Zugleich‹ also und die Wirklichkeit ihres Zur-Verfügung-seins als Ereignis ist gefragt. Die Besucher des »lieben Montafon« *wollen* gar nicht mehr das Gefühl, gesund in der Nähe der Berge und ihrer erhabenen Szenerie einen Hauch unkompliziertes

* Während der Textkorrekturen erfuhr ich von einer Anlage in Las Vegas, die dem »lieben Montafon« korrespondiert: Im Inneren der Nachbildung einer ägyptischen Pyamide, die dem Betrachter von außen die Erhabenheit des antiken Naturverhältnisses simuliert, wurde eine Nostalgiestadt aufgebaut, die dem Benutzer zugleich die Atmosphäre der Idylle vermittelt. – Erhabenheit und Idylle als Doppelveranstaltung auf der Basis ehemaliger Raumpoiesis – vielleicht sollte man auf die Unsummen hinweisen, mit denen diese Art der »Interpretation« von Natur durchgeführt wird, um sie neben Büchern als würdigen Gegenstand zeitgenössischer Hermeneutik zu etablieren.

Leben zu genießen. Sie *wollen* augenscheinlich nur mehr die *Veranstaltung* jenes Hauchs, bei ansonsten gesteigertem Service, während sie zwischen Natur und Naturverhältnis (wie scharfsichtig doch!) nicht mehr unterscheiden. Der technische Raum schafft die Möglichkeit, indem er eine *neue Bühne* schafft, sie heißt: »Das liebe Montafon«. Diese steht auf der alten Bühne: »Das Alpendorf«. Auf der alten Bühne war alles zugleich zur *Verfügung*, man konnte wählen, ob Friseur, Essen oder Fahrt mit dem Pferdeschlitten. Auf der *neuen* Bühne nun ist alles zugleich der *Fall*: Disco, Drinks und das Sitzen unterm Kruzifix, eine ›atmosphärische Überflutung‹, der Rausch des Dabeiseins für jenes einschlürfende Hirn einer als autarken Person nicht mehr faßbaren Mentalität, für die alles was ist, Veranstaltung ist, oder anders, die als Zentrum eines korrespondierenden Mitmachens selbst schon ›veranstaltet‹ wird.

Wenn man das Schattenlose aller Gestalten, das Unwirkliche aller Wirklichkeit des technischen Raumes *begreifen* will, das sich inmitten einer technischen Arbeitskultur zwischen den Lautsprechern des lieben Montafon zum geradezu gewalttätigen Fest aufbäumt, wenn man »das Alpendorf« als Prinzip begreifen will, bei dem »Naturästhetik« ihren alternativen Glanz nunmehr gründlich verloren hat und ihn statt dessen als eine Veranstaltung, d. h. in technischer Metamorphose als *Glamour* weiterbetreibt, dann kann man es hier begreifen, im lieben Montafon, der fortlaufenden *Show* der »Verdienste unserer Ahnen« und ihrer »Auseinandersetzung mit der Natur«. Das liebe Montafon ist *Hyperatmosphäre als technisches Produkt*, ein Geschehen aus Restauration, atmosphärischen Trägern, denen wir *ganz wie den Medien* unsere Sinne hinhalten, auf daß sie bewegt werden. Hier geht es nicht mehr um den entwerfenden »Blick« (man denke an Joachim Ritter) für ›Landschaft‹ oder den Entwurf der Atmosphäre einer Tiroler Bauernstube. Hier geht es aber auch nicht bloß um Reduktion oder Surrogat. Hier geht es um einen neu erforderten *Sinn* für das Hypergeschehen des *technischen*

Raumes und dessen höchstes Prinzip: ›Alles – immer – überall‹. Wer im »lieben Montafon« ästhetisch korrespondierend sich einfinden will, muß mehr von »sich« und seinen ästhetischen Entwurfsgewohnheiten zurücklassen als im traditionellen Hotel »Alpenblick«, muß mehr ›Bewußtsein‹ und Subjektsein ablegen, als in der eingeschliffenen »Gemüt«-lichkeit dessen, was ihm in zweihundert Jahren Urlaubskultur und Landschaftsehen im Geiste Seumes oder des Dr. Gregorovius angemessen wurde. Es verschwindet hier etwas, von dem wir bisher überzeugt waren, daß es sein müsse, um ein Geschehen ästhetisch zu entwerfen. Es *verschwindet* das, von dem zeitgenössische Theoretiker als einer Art letzter rettender Instanz immer noch überzeugt sind – *ästhetische Subjektivität*.

IV.

Performance und Verschwinden

Der Gedanke führt also zu der Frage, ob der technische Raum das *ästhetische* Subjekt selbst nicht schon verwandelt hat, so daß ästhetische Korrespondenz zu einer neuen Art von technisch-ästhetischem Allianzgeschehen geworden ist. Schöne Natur im »lieben Montafon« ist ja wohl offenbar kaum ein Produkt aus »Blick« und »Seele«, wie Novalis einmal so schön dachte, und kaum ein »Kopfprodukt«, wie heutige Theoretiker immer noch meinen. Sie ist vielmehr etwas aus Menschenfleisch, Scheinwerfern, Lasern, Rhythmusmaschinen und Lochkarten, die vom Servicepersonal gelocht werden. Angesichts eines durchgehaltenen Konzeptes ästhetischer Subjektivität und des Naturschönen würde man sich hier natürlich schroff abwenden, vielleicht gerade noch fragen, was Herrgottswinkel, Irish Coffee und Laser miteinander zu tun haben. Zur Frage nach solch einem Zusammenhang aber besteht im lieben Montafon gar kein Recht mehr, weil es hier – wie ja im technischen Raum laufend beobachtbar – nicht mehr auf die *Bereit*stellung der Vorbedingungen ästhetischer Subjektivität, sondern um die *Her*stellung einer atmosphärischen *Überflutung* ankommt, die das Subjekt im allgemeinen Fest der Naturinszenierung als Dabeisein gerade auflösen will.

Der technische Raum zielt also auf eine techno-ästhetische Verwandlung dessen, was wir bisher ›selber‹ machten, auf etwas, das nicht mehr als Gegenstand, Vorbedingung und Unterstützung, *sondern als Geschehen* ab jetzt immer ›zur Verfügung‹ ist. Die verfügte Welt als »Zeit«, in die man allerhand andere Zeiten »einbauen« kann, die Sammlung verschiedener Bauernstuben aus den Jahrhunderten, der symbolische Konnex mit bestimmten Orten des Tales, die Kombination aller möglichen atmosphärischen Träger, ist damit einerseits »ästhetisch« erfahrbare, zugleich aber auch die technisch durchgeführte Wirklichkeit jener Performance, mit der der Besucher des lieben Montafon nun korrespondiert. Der technische Raum ist selber »Künstler« geworden, er hat nicht nur das Abstrakte sinnfällig gemacht, er ist Ereignis, ein Fest, das, wie es ein richtiges Fest schließlich soll, durch Überflutung geläufige Zeit- und Raumbezüge aufhebt. Sehnsüchtig und erfüllt trinken sich die Besucher allabendlich ins »liebe Montafon« hinein und tanzen im flakkernden Licht der Laser auf den »zweihundert Jahre alten Tonpflastersteinen«. Daß sie keine Schatten mehr werfen, würde in der einen oder anderen romantischen Erzählung bedeutet haben, daß sie ihre »Seele« verkauft hätten.

Das Angeschlossensein dieses als »ästhetisches Subjekt« wie als »Bewußtsein« nicht mehr faßbaren Reflexes, eines rhythmischen Zuckens, Trinkens und Blickens, des erotischen Sinnes, um das herum der technische Raum zur Hyperatmosphäre einer multiperspektivischen Show geworden ist, amalgamiert *Bewußtsein* mit *Geschehen*. Die Besucher des lieben Montafon bringen ästhetische Korrespondenz nicht mehr selbst hervor. Sie werden atmosphärisch bewegt und durch Rhythmus- und Lichtmaschinen miteinander verschmiedet. Das Fest als die Anwesenheit des Gottes im synästhetischen Miteinander sich steigernder sinnlicher Reize, die Sublimierung eines gemeinschaftlichen Sinnengeschehens, zu dem hin man sich als Festteilnehmer einfindet, weil alles sich glückhaft zueinander fügt und die Schranken fallen, dieses Fest wird hier zum Motodrom des Bewegtseins, zum Terreur des »alles«, »immer« und »überall«. Zwangsläufig streift der Gedanke an Hirne, die immer so wären.

V.

Rückkehr zur alten Bühne – Naturästhetik?

Wenden wir uns wieder der ursprünglichen Bühne zu, jenem »Alpendorf«, das mit seinen Hotels und Läden, Fitness-Studios und Freizeitangeboten gegenüber dem »lieben Montafon« nun geradezu einen liebenswert schlichten Sinn erhält. Im Spiegel des »lieben Montafon« fällt auf: Ob Kruzifix, Kirchlein, der alte Waschtrog, der an schwere Zeiten erinnert, oder die dörfliche Prozession – der Charakter der völligen *Losgelöstheit* des »Alpendorfes« von ehemaligen Funktionen als Naturverhältnis bei gleichzeitiger Verfügung erinnert bereits stark an die schon weiter fortgeschrittene Veranstaltung im »lieben Montafon«. Auch das reale Alpendorf der Touristikindustrie war ja die *Veranstaltung* von etwas Vorgeblichem, denn hier bauten ja nicht etwa Einheimische für Gäste etwas, in das diese dann hereinkamen. Die Gäste selber bauten vielmehr ihr Alpendorf als techno-ästhetische Bühne und Festplatz in den geographischen Raum und auch »in die Zeit« des ursprünglichen »Alpendorfes« hinein. Wir müssen angesichts der Erfahrungen im »lieben Montafon« zugeben, daß wir nun auch im »Alpendorf« kaum von *ästhetischer Subjektivität* sprechen dürfen. Während diese nämlich, so wie man sie heute handelt, immer noch der theoretische Fluchtpunkt der inneren *Eroberung* eines gesellschaftsfähigen Entwurfs von schöner Natur gegen den technischen Naturentwurf ist, ist das Alpendorf (so wohl sich dort Philosophen im Urlaub fühlen mögen) nur die Bühne eines hochkomplexen technoästhetischen Allianzgeschehens der Symbolvermittlung, in das wir nicht als Subjekte des Entwerfens, sondern eher im Sinne eines allgemeinen Genußstils bzw. des herrschenden Betriebs – und das heißt als *Objekte* – eingepaßt werden.

Und diese Einübung – gewissermaßen das allianztechnische Ethos unserer Zeit – ist es dann auch, welches uns als vorgebliches Glück entgegenkommt. Irgendwie überzeugt davon, daß wir gerade eben das Richtige tun, tauchen wir also auch im Alpendorf unser Hirn ins Geschehen. Wir lassen uns von den Kulissen ehemaliger Korrespondenz bewegen und blicken sentimental und ergriffen durch die Windschutzscheibe aufs Kruzifixlein. Wir suchen nichts, was wir nicht kennen. Wir machen »Urlaub«, um gepflegt und festlich zu tun, was wir sonst auch schon tun, einen Berg besteigen oder hinunterrasen, uns mit Anblicken, Ausblikken und Aussichten angesichts guten Essens und Trinkens füllen – in der auratischen Kraft der Symbole des Erntedanks, der Kreuzigung und mächtiger Gipfel als Panorama uns bewegen und wohlig an das einstige Gefühl der Achtung entsinnen.

Es ist erstaunlich, aber es funktioniert noch immer, und es funktioniert desto besser, je *schlichter* (die Vokabel markiert das positive Verständnis für Unreflektiertheit) wir uns dreinschicken. Ein Landschaftsmaler ist der beste Beweis für die Allgemeinheit dieses Dreinschickens und auch der dazugehörigen Perspektive des technischen Raumes als Raum: Er beschrieb kürzlich seine Bilderausstellung zum Thema »Montafon« mit den Worten: »Berge – Ölskizzen und Gouachen aus dem Montafon [...] Die gigantische Rauminstallation der Alpenlandschaft, übersetzt ins Keilrahmenformat.«[6]

Es scheint tatsächlich, als schickten wir uns drein, als blickten wir zu jenen alten Bergen mit demselben Glanz in unseren Augen, wie angesichts der erhabenen Skylines unserer Metropolen und als Zuschauer unserer eigenen Beschäftigungen, zu denen wir die alten Götter spielerisch uns denken. Wir kombinieren frei und seltsam ungerührt. Wir wollen uns – technisch unterstützt – festlich freuen, einen schönen Tag haben, aufwendiger die einen, bescheidener die anderen, im großen Auto die einen und im großen Hotel die anderen. Alle zusammen Menschen des technischen Raumes, hineingehalten in das Kraftfeld eines Geschehens, zu dem sie selbst beitragen und vielerorts im Übergang zum Verlöschen ästhetischer Subjektivität (im Sinne ästhetischer Theorie, wie auch der faktischen ästhetischen Korrespondenzen) und angesichts von Geschehensabläufen, für die das »liebe Montafon« nur stellvertretend steht.

Die Möglichkeiten einer ›Rettung‹, theoretisch gern auf die Vergangenheit hin entworfen oder im philologischen Rückgriff auf klassische Muster ästhetischer Subjektivität (denken wir an die Theorie des Naturschönen oder an die Gartenmodelle der Ökologie) – mögen einen wichtigen Beitrag zum »Bewußtsein« angesichts dieser Situation, der *Situation* des technischen Raumes beinhalten. Die *Rettung* selbst jedoch liegt dort nicht. Sie läge, wenn sie denn möglich wäre und wenn nicht ihre Konzeption schon etwas eigenartig Altertümliches hätte, in der Fähigkeit, dem Geschehen des technischen Raumes *ästhetisch standzuhalten*.

Ästhetisches Standhalten hat aber weder mit elitärer Distanz noch mit verletztem Abwenden vor der alltäglichen Banalität des Faktischen zu tun, sondern vielmehr mit der intellektuellen Bewältigung eines Phänomens, dessen Varianten im tech-

6 Der Kölner Landschaftsmaler Florian Söll am 27. November 1992 anläßlich einer Ausstellung über »Das Montafon im Sommer 1992«.

nischen Raum zahlreich sind: dem Phänomen des Bewegtwerdens, der *motio* also, nicht im Sinne der Erschütterung, oder Rührung oder der festlichen Freude, sondern im Sinne der *Veranstaltung* derselben, der *Performance des Glücks als Technokunst*, einer Veranstaltung, die uns im technischen Raum mit der Zeit in hochrationalisierter Form so »mit-nehmen« könnte, wie zum Beispiel ein Fernsehabend – ohne daß »wir« überhaupt noch viel dabei sind.

Das Prinzip »Mall«

Die korrekte deutsche Übersetzung für den englischen Ausdruck *mall* lautet ›Promenade‹, ›Spaziergang‹ also; etwas, das wir mit der Natur, einem Park etwa, assoziieren, mit Rasenanlagen, Bäumen und Springbrunnen, mit langsamem, beschaulichem Gehen, dem Umherwandeln in reizvoller Umgebung. Die berühmteste Mall ist die im 19. Jahrhundert in Washington zwischen Weißem Haus und Capitol angelegte: ein Park, umsäumt von Museen, Denkmälern und Regierungsgebäuden. Wer sich auf den Flanierwegen dieser Mall bewegt, ist, metaphorisch gesprochen, im Zentrum allen Geschehens. Er ist auf einem der wichtigsten Plätze der politischen Welt, umgeben von Natur, Kunst und Geschichte sowie bedeutungsvoller Gegenwart. Er ist im Mittelpunkt jenes Kosmos, der gemeinhin »the Western Civilisation« heißt, und er erlebt ihn in einer gewissen Feierlichkeit, indem er *flaniert*, d. h. langsam korrespondierend umhergeht – ohne festes Ziel, denn auf naheliegende Weise ist er ja bereits am Ziel.

I.

Das Gebäude als Gerät

Nun hat sich die Bedeutung des Ausdrucks »Mall« bekanntlich gewandelt. Wir verstehen heute darunter eine Art Kaufhaus mit Autopark, klimatisiertem Innenraum aus Geschäftspassagen, Restaurants, Springbrunnen, künstlichen Wasserfällen, Treibhauspflanzen und Zerstreuungsangeboten – eine künstliche Welt also, die, je nach Ausstattung, von schäbiger Betonstruktur in der Vorstadt bis zum bizarren Tempel aus Glas und Marmor in der City sich dem Flanieren, wie auch den hierbei wie nebenher zu erledigenden Besorgungen öffnet.

Die moderne Mall ist nun allerdings keineswegs bloß ein vergrößertes Kaufhaus oder der bessere Supermarkt. Sie ist vielmehr – und das macht sie zum Fall der ästhetischen Betrachtung – eine konkrete Gestalt des *technischen Raumes.* Genauer: Sie ist ein Anschauungsmodell für jenen Aspekt, den man als *ästhetische Hypertrophierung* desselben bezeichnen könnte. Hypertrophierung bedeutet, daß hier ästhetische Probleme mit technischen Mitteln als gelöst vorgegeben werden und es doch keineswegs sind, was zu besonderen Phänomenen der Vergrößerung und Übertreibung führt.

Um zunächst eine bisher geläufige Ebene der Kritik abzudecken, sei auf eine Überlegung des amerikanischen Technikphilosophen und Architekturkritikers Joseph Kupfer zurückgegriffen.[1] Eine Mall ist, wie Kupfer an verschiedenen Stellen auch für andere Gebäude ausführt, das »Gebäude als Gerät« bzw. als »Vorrichtung« (*device*), eine Struktur architektonisch nicht mehr signifikant geformter Baumasse zu bestimmten instrumentellen Zwecken. Das Gebäude als Gerät hat selbst keine bestimmte Gestalt. Es ist vielmehr Mittel . . . »merely a means to the consumption of commodities – food, movement, entertainment, business, information«.[2]

Bauen im technischen Raum erscheint im Extrem also als bloße *Raumherstellung*, wobei sich Kaufhallen, Abflughallen, Ausstellungshallen, Bürogebäude, Sportstadien und Theater auf ganz erstaunliche Weise zu gleichen beginnen und höchstens in Größe, Fassade und Ausstattung variieren.

1 Joseph Kupfer, »From Edifice to Device – Architecture of Disengagement«, in: *Technology in Society*, Bd. 12, Pergamon 1990, S. 319–332.

2 Ebd., S. 319. – Vgl. auch die Definition von *device*: »The device is the object manufactured by modern technology. Its defining feature is the way it easily, ubiquitously makes a commodity available. It makes diverse sorts of commodities – material objects, experiences, social goods – available for consumption by ›disburdening‹ us« (S. 320).

Es sind »Container« für das, was in ihnen aufgehoben bzw. angeboten ist: *commodities.*
Was hier ›ästhetisch‹ geschehen ist, scheint offenbar. – Das sich rationalisierende »Bauen« einer rein technisch aufgefaßten Raumherstellung versucht, die ästhetischen ›Funktionen‹ eines Gebäudes von seiner Funktion als Behälter zu trennen. Die Inhalte des Containers können dabei wechseln. Es handelt sich natürlich meist um Aspekte eines grundlegenden Sinnes des technischen Raumes, nämlich des Alles, Immer und Überall von »Fernsehbildern, Filmen, Fast-Food, kühler Luft, von Nachrichten und Versicherungsschutz – frei von jeglichem raum-zeitlichen Kontext«.[3]
Eine moderne Mall wie viele ähnliche Gestalten des technischen Raumes erscheint also, architekturtheoretisch betrachtet, zunächst einmal wie ein *mißglücktes Gebäude*, ein Mittelding zwischen Bauwerk und Maschine, Kaufhaus und Park, das eine nicht mehr und das andere nicht ganz, jedoch ausgestattet mit Funktionen aus all diesen Bereichen. Dabei scheint es, als würde die Haut der ganzen Angelegenheit keine ästhetische Funktion haben: »Architecture in America is being transformed from edifice to device, from buildings with distinctive personalities to standardized containers.«[4]
Die Atmosphäre eines »Gebäudes« wie der Mall besteht nicht mehr in dem, was von ihr erlebbar ausstrahlen könnte, sondern im Trubel der Funktionen: Service, Anregung, Bequemlichkeit, Leistung, Schutz: »Das Gebäude als Gerät«, so lautet Kupfers Fazit, »entkörperlicht.« Es räumt die Möglichkeiten ästhetischer Korrespondenz aus und zerstört, was mit ästhetischen Begriffen wie Atmosphäre, Stimmung, Gestalt, »Personalität«, Ikonographie usf. erfaßbar wäre: »The building as device is disembodying, because it offers us no human foothold. It is faceless and footless. The façades are blank walls or equally impenetrable mirrors. Their lack

3 Ebd., S. 320.
4 Ebd., S. 319.

of functional, visual, and motor orientation quietly, passively keeps us at a ›distance‹.«[5]

»Gute Gebäude« dagegen bzw. ästhetisch befriedigende architektonische Strukturen *bilden* und erfüllen, so Kupfer, den Betrachter. Ihr ästhetischer Sinn liegt zum Beispiel in jenem bereits bei Kant bemerkten Kunstwerk-Effekt, daß sie »allerlei zu denken geben«, daß Einbildungskraft und Verstand durch sie in jenes glückliche Verhältnis geraten, worin Natur schöpferisch werden kann. Etwas zeitgemäßer drückt diesen Aspekt heute Wolfgang Welsch aus, wenn er etwa Stirlings neue Staatsgalerie in Stuttgart als einen Bau lobt, der »verschiedenste Sprachen – von der klassischen Museumsarchitektur Schinkels über den Code des Konstruktivismus und die moderne Sprache der Sachlichkeit bis hin zu den Idiomen von Pop oder Giuliano Romano – kombiniert« und dies so tue, daß »eine Kommunikation von Gegensätzen mit Erläuterungen, Ironisierungen und Widerstreit zustande kommt«. Er schließt: »An diesem Bau konnten ästhetisch wache Menschen deutlicher als in manch soziologischen oder philosophischen Abhandlungen erfahren, was die ratio essendi der heutigen Gesellschaft ausmacht.«[6]

Dies alles ist zwar in vieler Hinsicht zutreffend, jedoch geht es in all seiner aesthesiologischen Fundiertheit doch nicht weit genug, um zu erfassen, was eine Betrachtung der Mall als *Prinzip* des technischen Raumes und – so behaupte ich – als geradezu ausgezeichnetes Beispiel der »ratio essendi unserer Gesellschaft« vielleicht doch noch ästhetisch hergibt, denn – nicht der Bau ist das Ästhetische, sondern das, was er an ästhetischer Korrespondenz auslöst bzw. herausfordert! – Was nämlich in der bloßen Gegenüberstellung von *aedifice as device* und einem ästhetisch befriedigendem Bauwerk nicht mehr erfaßt ist, ist ein anderer, durchaus auch ästhetischer Aspekt, bei dem das Ästhetische allerdings nun weder

5 Ebd., S. 324.
6 Wolfgang Welsch, *Ästhetisches Denken*, Stuttgart 1990, S. 73 f.

mit Design und ironischem Zitat, noch mit ausagierter »Sinnlichkeit« oder »Körpererfahrung« zu tun hat. Es geht dabei um einen Aspekt, der weit über den der Reduktion kognitiver ästhetischer Semantik oder sensitiver Wahrnehmung hinausweist. Mit ihm sei auch der Unterschied zwischen geläufiger »ästhetischer« Kritik an Anästhesierungseffekten technischer Umgebungen und der Kritik des technischen Raumes aus ästhetischem Denken demonstriert. Er betrifft das Problem der *Natur*.

II.

Die Mall als Promenade

Versuchen wir, uns der Mall ästhetisch zu nähern. Wir können dies trotz ihrer vielleicht anästhetisch wirkenden Haut, indem wir uns ihr als Fall eines technischen Paradieses oder – um den Paradiesbegriff phänomenologisch aufzufüllen – als künstlichem Garten – nähern, vom Wortsinne aus also. Die »Mall« ist nicht einfach ein vergrößertes Kaufhaus oder ein abstraktes Strukturprinzip des technischen Raumes, welches Güter bietet und miteinander in Beziehung setzt. – »Mall« heißt Promenade! Der Garten, der Park, die schöne Landschaft und die *Verbindung* dieses Aspektes mit dem Aspekt der rationalisierten *commodities* – Gesellschaft als eines imponierenden Festgeschehens aus Natur und Technik, das vorgeblich alles Glück der Welt enthält und aufbereitet – diese Art von Feier erst ist die *ganze* Mall.
Betreten wir doch einmal eines jener nicht mehr zu Recht als »Gebäude« zu bezeichnenden Areale des technischen Raumes von der Ausdehnung eines halben Stadtteils und der Höhe eines mittleren Hochhauses. Jener deutsche Einwanderer, der die Wolkenkratzer New Yorks in den zwanziger Jahren einmal als »Kathedralen des Handels« bezeichnete, bemerkte damals etwas sehr Wichtiges, nämlich, daß der

Anspruch dieser Gebäude jenseits aller architekturhistorischen Bezüge ans Sakrale gemahnt, an eine über alle technische Funktionalität hinausreichende Erhabenheit als Zeichen des ideellen Gehalts, den sie repräsentieren. Wie für Hegel am Beginn der Rechtsphilosophie einst das Meer bzw. die Seefahrt das »Weltreich des Handels« und den »Weltverkehr« repräsentierte, so repräsentierten für das 20. Jahrhundert jene Gebäude den »Weltverkehr«, die die Skyline der großen amerikanischen Städte ausmachten, das Metaphysikum der Weltläufigkeit, die Verbindung mit einem höheren Prinzip, den Inbegriff der ökonomischen und informationstechnischen – Ökomene.

Formen wandeln sich. Der altehrwürdige »Wolkenkratzer« ist längst weiterentwickelt zum Kombinationszentrum, in dem nun vom Flugplatz bis zum Sportplatz, vom Kaufmarkt bis zum Apartment, über das Hotelzimmer bis zum Filmtheater und der Videothek alles kombiniert wird, was das tägliche Leben reibungslos, angenehm und sicher macht. Die Funktionen im Container mischen sich zudem. Das Kaufhaus in der Tankstelle, das Hotel im Kaufhaus, die Kunstausstellung und der Park im Apartmenthochhaus über gläsernen Verwaltungsbüros und Tiefgaragen . . . Das Prinzip der als ideal angestrebten Zweckkombination aller Lebenstätigkeiten von Wohnen, Schlafen, Essen, Arbeiten, Einkauf und Erholung in schöner Natur, das Prinzip, welches dies alles unter einem Dach versammelt, ist keineswegs bloß Rationalisierung: Die Mall prätendiert, ein Lebenselement zu sein, ja, sie gibt vor, das wahre Leben erst zu ermöglichen. Ihre Botschaft könnte explizit formuliert lauten: »Im vollendeten technischen Raum ist das ganze Leben eine Promenade.«

Die Mall ist ihrem idealen Gehalt nach also eine Bühne des Weltverkehrs, ganz ähnlich jener altväterlichen Mall in Washington, dem Spazierweg, vorbei an den Gründervätern und dem, was ihnen an Naturerleben, Griechentum und Religion achtens- und erhaltenswert erschien. In ihr spiegelt sich Größe, Ernst und Mächtigkeit der Produktion und Konsumtion, der Naturbeherrschung und Verwaltung, des Transports und der Information. Der Eindruck des Erhabenen ergibt sich, so Kant, wenn das ästhetische Urteil herausgefordert und zugleich die sinnliche Fassungskraft gesprengt wird. Das ästhetisch Erhabene ist sodann auch in einem ethischen Sinne achtungsgebietend, weil es analogisch auf ein Größeres hinweist, als wir selber sind. Dies also ist die Dreifaltigkeit der ästhetischen Korrespondenz in der Mall: Ich, die Natur, der Weltverkehr ...[7]

Was dies bedeutet, merkt man, wenn man den Gesichtspunkt der Erhabenheit einmal zugunsten der Schönheit beiseite läßt, und damit kommt man wohl auch zum Kern der Angelegenheit, insofern nämlich, als die Schönheit, um die es hier geht, ja auf »Natur« bezogen ist, die nun als Form des geglückten Lebens veranstaltet wird. Wer eine Mall betritt, hat auf zunächst befremdliche, aber dann auf um so naheliegendere Weise tatsächlich »Schönheit« um sich. Er hat das Gefühl der Weite. Er atmet gute Luft – jedenfalls im Vergleich zu der, die die Mall oft genug von außen umgibt. Er hört das Rauschen eines künstlichen Wasserfalls oder klassische Musik. Nichts *lärmt* mehr. Blumengirlanden säumen den Weg. In einem gläsernen Pavillon stehen junge Birken, unter denen einige Bänke verteilt sind. Er geht ohne das Gedränge des ›Marktes‹ an Auslagen vorbei, die eher den Eindruck einer Kunstausstellung vermitteln als den von Verkaufsauslagen. Meist sind es Gegenstände, die er nicht dringend braucht und die eher reizvoll als nützlich und keineswegs mehr alltäglich erscheinen. Selbst Waren des täglichen Bedarfs machen hier einen anderen Eindruck als jenen im Kaufhaus gewohnten des gestapelten Gutes. Der Besucher fragt sich unwillkürlich oder vielleicht zu Recht, sind das noch Waren? Was wären diese Gegenstände aber, wenn es

7 Zur prinzipiellen Dreiwertigkeit von ästhetischen Korrespondenzverhältnissen vgl. den Beitrag »Der Künstler und die Wissenschaften«, im vorliegenden Band S. 15.

keine Waren wären? – Kunstgegenstände als Bestandteil einer sich hier abspielenden *Performance*?
Nach ein paar hundert Metern ändert sich die Atmosphäre. Die Materialien wechseln während des Gehens. Marmor mit Porphyr, Metall mit Glas. Felsgestein bildet an einer Stelle eine meterhohe Wand, über die Wasser rinnt, ein spiegelnder Film aus Glanz und Nebel. Nirgends mehr ist die Aufdringlichkeit der Straße, der Versuch, auf den Käufer einzuschreien, zu überreden. Der »Käufer«, der »Kunde« – sie wandeln sich hier zum »Besucher«. Sie scheinen in eine bessere Welt eingekehrt und haben womöglich schon im gleichen »Gebäude« ihre Wohnung, zu der sie gerade über die Rasenfläche eines klimatisierten Dachgartens unterwegs sind – oder zum griechischen Theater im 14. Stock – im Halbrund die Sitze und dahinter durch getöntes Glas der Himmel . . .
Die Etagen vieler großer Malls sind, wenn man sie überhaupt noch als solche wahrnimmt, in unregelmäßigen Abständen unterbrochen, so daß der Blick frei schweifen kann, womit sich der Eindruck der Unendlichkeit ergibt, zwischendurch der Ausblick durch ein kathedralengroßes Fenster, vor dem ein modernes Kunstwerk steht . . . Für Sekunden meinen wir auf den verschiedenen Ebenen des Raumes zu schweben, wie auf einem Lichtfloß im Halbdunkel des Abends vor schöner Aussicht – eine atmosphärische Konstellation aus blauen Spiegeln und Lichtgirlanden über einem Café, das seinerseits wie eine Terrasse der hängenden Gärten aus dem Schichtengeschiebe ragt. Alle Ebenen und Begrenzungen sind durchbrochen. Die Simulation der Unendlichkeit. Tritt man aus dem Fahrstuhl in einem der berühmten Hochhäuser San Franziskos, etwa auf dem Weg zu den Chefetagen einer Firma, so geht man scheinbar »außerhalb« des Gebäudes in einer gläsernen Hülle weit über der Stadt, die sich ins Meer erstreckt, eine gigantische Aussichtskanzel, die sich auf jedem Stockwerk wiederholt und damit den neuen »Ort« spiegelt, an dem sich die Leiter und Lenker der Welt – sprich:

die gute Gesellschaft – niedergelassen haben, schwebend über den Schluchten der abgaserfüllten Straßen.

Die Malls und die kolossalen Innenräume moderner Hochhauszentren führen in Einzelfällen vielleicht als einzige vom Menschen der Moderne hergestellte Bauwerke zu Raumgestalten, die ästhetisch konkurrieren könnten mit den steinernen Träumen der mittelalterlichen Dome, welche somit auf einer neuen Ebene der Prätention erreicht sind: Ziel der Mall, Ziel der berühmten und weniger berühmten Business- oder Commercialcenters, die längst zu einer Mischung aus Apartmentbau, Restauration, Einkaufszentrum und repräsentabler Verwaltung geworden sind, ist immer dasselbe: Dem hier verweilenden Menschen soll *alles gegeben werden.* Der Mensch, der hier als letzter Rest Natur im Sinne des Wilden und Gebrechlichen anwesend ist, seine Sinne, denen hier geschmeichelt, seine »Bedürfnisse«, die hier erfüllt, seine Fähigkeiten, die hier erweitert und durch Information, Unterhaltung und schonende Forderung angeregt werden; die Schönheit, die Bequemlichkeit und die vorgebliche *Qualität*, die hier in einem auch das Ethische streifenden Sinne technischer Fürsorglichkeit erzeugt wird, ist nichts anderes, als der Versuch, *Natur und technischen Raum miteinander zu versöhnen* und also technisch für den Menschen in Schönheit zu bergen, was er ›als Natur‹ nicht kann.

Doch während die Romantik sich noch der griechischen Klassik erinnerte, noch wußte, daß die göttlichste Form der Existenz das Leben einer Pflanze sein müsse, wie Schlegel einmal sagte, hat die Moderne es unternommen, technisch nachzuschaffen, was sie als fehlerhaft, leidvoll und bedürftig erkannte. Pflanzen, Wasserrauschen, bewegte frühlingslinde Luft, *Atmosphären als Objekte* aufgefaßt, geheimnisvolle, erhabene, prunkvolle, distanzierte Kühle, nüchterne und liebliche Weite . . ., Raumstimmungen, die sich durchdringen und abwechseln wie die Gerüche eines arabischen Marktes . . . Die Mall repräsentiert im Vergleich zu einer Promenade alten Stils eine geradezu umfassende Prätention: Sie ist jene Gestalt des technischen Raumes, die vorgibt, den Menschen nicht mehr entlassen zu müssen, die vorgibt, eine Welt bieten zu können, vor der der Rest des Globus schweigt: Das Paradies, der Garten Eden, der wunderbare Kosmos, die Kirche des Herrn. Der Herr aber – der sich zu seiner ganzen punktuellen Herrlichkeit erhebende Herr – ist der technische Raum.

»Hypertrophie« ist ein Ausdruck aus der Medizin und bezeichnet die abnorme Vergrößerung von Zellen, die durch Überbeanspruchung entsteht. Wovor der Besucher zunächst geradezu erschrickt, ist der Aufwand, der hier getrieben wird; ein Aufwand, der für einen öffentlichen oder halb öffentlichen, halb kommerziellen Raum gewiß ökonomisch, sozial oder sonstwie »bedürfnisrelevant« zu verteidigen wäre, aber für den Neuling, der die Relationen der Rechtfertigungen nicht hat und nur seiner momentanen Aisthesis ausgeliefert ist, schier unbegreiflich sein muß. – Wofür? fragt er und weiß schon im selben Moment, daß diese Frage völlig falsch gestellt ist, denn die Mall ist nicht Mittel zum Zweck, sie ist eben nicht bloß »Container«, sie ist vielmehr *technischer Raum* in ästhetischer Durchgestaltung und damit Zweck in sich selbst.

III.

Irritationen

Weit davon entfernt also, hinter den verspiegelten Fassaden nur Waren zu stapeln, weit davon entfernt, in seiner Containerarchitektur nur den *abstrakten* Sinn des technischen Raumes zu repräsentieren, ist die Mall *ein höchst ästhetisches Prinzip*, das Prinzip einer *Veranstaltung* allerdings und nicht das Prinzip einer Bauform. Vielleicht will dies nicht sogleich einleuchten. Wenn man aber bedenkt, wozu man in dieser Kathedrale bekehrt, zu welcher numinosen Botschaft und zu welchem ästhetischen Grundsatz man hier gebracht werden soll, dann ist es begreiflich, daß es beim ›Prinzip Mall‹ um *Veranstalten* und nicht um *Bauen* geht: Der schweifende Blick, die schiere Unendlichkeit der vorhandenen Reize, das Ineinander der auf höchstes Niveau gebrachten *Festlichkeit*, all dies versucht augenscheinlich zu überreden, daß es sich hier um ein immerwährendes Geschehen auf seinem Gipfelpunkt handelt, um etwas, das immer und ewig sich ereignet und das nun atmosphärisch alle Menschen miteinander in Beziehung setzt. Die Mall scheint der Ewigkeit selber näher als alles Profane des einstmals wilden Gartens im Häusergewirr der staubigen Straßen. – »Ich, die Mall und der Weltverkehr.« – Warum bannt uns die Betrachtung des Feuers, eines Wasserfalls, des Getriebes bei an- und abfahrenden Schiffen am Hafen? Weil es Geschehnisse sind, die in ihren Variationen doch immer sie selber bleiben und somit einen Hauch Ewigkeit versinnbildlichen. Der Regen, das Rauschen des Windes, Musik, ein Fest . . . die Mall.

Die Zwiespältigkeit der Parks des 18. und 19. Jahrhunderts als großer Bühne festlich zelebrierter Urbanität bestand darin, daß sie ein ideales Naturverhältnis vorgaben, obgleich sie doch, technisch gesehen, aufwendige und letztlich sogar zu kostspielige Festplätze der Feier des gelungenen Lebens waren. Die Zwiespältigkeit der Mall als Bühne des Weltverkehrs liegt ähnlich. Als Naturverhältnis genommen zeigt sie sich – ähnlich wie die Parks – und trotz ihres betörenden Veranstaltungscharakters schon in den Phänomenen problematisch.

So sind – etwa in den Blumenkübeln, den Werbeaufschriften, bestimmten Filmen oder im Design verschiedener Auslagen – immer wieder Szenerien erkennbar, die augenfällig darauf hinweisen, daß die Mall Surrogat ist, ja Kopie, und dies heißt, daß sie in ihrer imposanten Paradieshaftigkeit gleichzeitig zu erkennen gibt, wovon sie als Veranstaltung zehrt – von Natur. Man mag im Fall der Mall tun, als ob man alles zu geben in der Lage wäre, doch genau dadurch erkennen wir, daß die Mall weder eine zweite Hülle noch eine bessere

Natur ist, sondern eben ein *Naturverhältnis*. Der Grund, weswegen es die hereingeholte Natur in der Mall überhaupt gibt, der Grund, weswegen es die künstlichen Wasserfälle, Blumengirlanden und den Birkenpark gibt, kann durch die *Veranstaltung Mall* nicht ausgeblendet werden. Er wird vielmehr erst richtig durch sie sichtbar. Im Glanz seiner eigenen Veranstaltung zeigt sich der technische Raum als das, was er ist, als Naturverhältnis – und zugleich als das, was er nicht sein kann –, ein *geglücktes* Naturverhältnis. Ein Naturverhältnis aber, das sich als Endgültigkeit nur aufspielt, ist in erster Linie eine ermüdende Veranstaltung.

Daß man das Veranstaltungshafte so deutlich bemerkt, wenn man sich in einer Mall eine Zeitlang aufhält, daß man das Gefühl nicht los wird, hier werde etwas aufgeführt, dessen Zuschauer man ist, daß man am Ende sogar das Gefühl hat, jenes Geschehen komme gleichsam untergründig näher und fordere nun ein Bekenntnis heraus, macht, daß man sich zuletzt genauso bedrängt fühlt, als wäre dies hier ein Kaufhaus mit allen möglichen Anpreisungen aller möglichen guten Seiten von Dingen, die eben nur relativ gut sind. Nicht die Mall ist die Hypertrophie, sondern die in ihr sichtbare Immagepflege des technischen Raumes als vorgeblich gelungenes Naturverhältnis – und es ist, wie bei schlechten Kunstwerken, als Anstrengung spürbar.

In einer Glasvitrine sind Antiquitäten ausgestellt, eine Szenerie, eine Bühne häuslicher Idylle. Blauer Himmel, Sonnenlicht, ein frisches Sträußchen. Die Simulation ist perfekt. Die Blumen werden jeden Tag gewechselt, die Antiquitäten abgestaubt. Die Bedienung des Möbelladens, ja sogar das Reinigungspersonal trägt die passende Kleidung. Alles ist so echt und so falsch wie nur möglich. – In der Sekunde des Bemerkens dessen, *was* hier geschieht, und in Erinnerung daran, daß drei Meter hinter der Wand, auf der der schöne Frühlingstag simuliert wird, eine ölverschmierte Autoauffahrt durch die Abluft von Klimaanlagen führt, erkennen wir die Mall ein zweites Mal. Es ist dies eine Irritation, die nun dazu führt, daß die weißen Biedermeiergardinchen in jenem Schaufenster grotesk in einer Maschinerie aus Motoren, Klimaanlagen und Stahlträgern zu flattern beginnen und die Mall selber als Bühne einer ausgeklügelten Veranstaltung freigeben. – Die große Verwüstung durch technische Prozesse, welche in der vorgeblichen Möglichkeit eines perfekten Naturverhältnisses zur Veranstaltung wird, ist (im Sinne der ästhetischen Korrespondenz) die nunmehr grotesk wirkende ästhetische Performance derselben.

Man denke hier bitte nicht in so einfachen Kategorien wie »wahr« und »falsch«. Der groteske Eindruck der Gardinchen im Gestänge ist genauso »wahr« und »falsch« wie die Verkleidung des Reinigungspersonals. Wenn man hier zu einer Wahrheit kommt, dann zu einer ästhetischen, und zwar im Sinne eines Geschehens, über das man sich plötzlich im klaren ist, so wie sich zum Beispiel ein Künstler ›im klaren‹ ist – d. h. wenn er weiß, welche Geschichte, welches Kunstwerk, welche Art der Korrespondenz er nun von sich aus veranstalten wird.

In der Mall spiegelt sich, das jedenfalls kann allgemein festgehalten werden, jene Hoffnung der Moderne, das soziale Paradies im Sinne einer Autarkie technischen Machens und sozialen Korrigierens herzustellen, wobei man die Behauptung, dadurch sei ein geglücktes Naturverhältnis erreicht, durch die Accessoires des Gartens zum impliziten Bekenntnis der Benutzer zu machen sucht. Die »Mall« ist, gerade *weil* sie den Kunden zum Ausstellungs- bzw. Veranstaltungsbesucher macht, die »allianztechnische« Prätention einer Gesellschaft, die ihre Träume vom gelungenen Naturverhältnis seit jeher promenierend im Park, im Zoo, auf der Landpartie, auf der Mall von Washington und in den Nachrichtensendungen der Weltfernsehkanäle träumte. Die »Mall« ist trotz Kupfers Entdeckung des Containerartigen ihrer Haut und ihrer ›kunstästhetischen‹ Banalität für den Berufsästhetiker durchaus als Fall *ästhetischer Korrespondenz* zu entschlüsseln, als Prätention nämlich, als Bühne einer naturästhetischen Performance, die als Oikos posiert. Die »Mall« ist die Aufführung des Stückes vom permanenten Glücken eines Lebens unter den Verhältnissen, die sie selber als Verhältnis zur Natur repräsentiert. Das Veranstaltungshafte ist spürbar, auch wenn das Vorgespiegelte und die Vorspiegelung zunächst nicht trennbar scheinen. Es gibt ja tatsächlich kein »gelungenes« menschliches Naturverhältnis, an dem man das vorgebliche Mißlingen der Mall messen könnte, genauso wie es angesichts der heute so viel diskutierten »Medienrealität« keine vergleichbare ›Weltrealität‹ gibt, an der man ihren informativen Gehalt oder ihren virtuellen Charakter messen könnte. – Die Mall ist Realität und keine »Lüge«. Aber es gibt, hier wie dort, die spürbare *Prätention*, die in Phänomenen und dem, was sie auslösen, faßbar ist. Es gibt die ästhetische Hypertrophie und die Reaktionen darauf.

Weil die Mall, wie alle nach ihrem Prinzip errichteten Strukturen, als *Veranstaltung* kenntlich ist, weil sie dem Besucher mit der Zeit zu nahe rückt und daher als ermüdende Veranstaltung kenntlich wird, haben wir nach einer gewissen Zeit das Bedürfnis, diese Veranstaltung zu verlassen. Nicht das »Gebäude« ist also das Problem. Auch »die Technik« ist nicht das Problem. Es sind vielmehr die in der Prätention des technischen Raumes sichtbar werdenden naiven Überzeugungen, die zu nahe rücken und den Besucher hinaustreiben, jene Überzeugungen, die trotz ihrer Naivität nichts von ihrer philosophischen Anziehungskraft eingebüßt haben und die sich im Geschehen der Mall exemplarisch dokumentieren ließen, auch und gerade weil sie ästhetisch den Versuch macht, zu genügen.

Die eine: Mit Hilfe der Technik ließen sich ästhetische Probleme lösen, wie etwa das des geglückten Naturverhältnisses als maximaler ästhetischer Korrespondenz. Dagegen muß man halten: Auf *Korrespondenz* käme es an und nicht auf Symbolisation. Die Selbstfeier des technischen Raumes als gelungenes Naturverhältnis ist weder eine Metapher, noch ein utopischer Vorschein des gelungenen Naturverhältnisses als Leben, sie ist der problematische Abklatsch des technischen Naturverhältnisses wie ihn bereits Husserl in der Krisisschrift kritisiert hatte. Sie kann in dieser Form posieren, weil wir im »Drinnen« das »Draußen« allzu leicht vergessen, weil wir uns allzu leicht vormachen lassen, daß die Mall eine *Allianztechnik* sei.

Statt dessen aber ist sie nicht das Ergebnis ästhetischer Korrespondenz, sondern immer noch eine ins »Drinnen« verbrachte Natur, die damit »gerettet« erscheint. Die Mall setzt jenes Fest aus Ich, Natur und Weltverkehr in Gang, das sie selber nicht *aushalten* kann. Sie treibt damit den ästhetisch sensiblen Menschen aus sich heraus, weil die Performance des Gelingens als Gewaltlandschaft deutlich wird. Die Mall ›ist‹ eine Gewaltlandschaft, die als gewaltige Landschaft posiert, und sie kann es angesichts der erbärmlichen Reste von Stadt, die als geformter und verorteter Raum der Moderne aus architektonischen Individualexperimenten, Verkehrsplanung und Kompromissen überkommen sind. Doch hier begänne ein neuer Essay.

Die andere Naivität knüpft an diesen Sachverhalt an. Es ist die des »Fortschritts« im Sinne des Prinzips »Mall«, und sie lautet, daß die in solchen Höhepunkten angekommene Form technischen Veranstaltens ein Schritt auf einem Wege sei, auf dem schließlich alle Menschen ähnliche Situationen vorfinden könnten, wenn erst die ganze Welt in jenem Sinne unter Dach und Fach gebracht ist. Diese Naivität ist bereits als solche entdeckt. Sie wird heute nicht einmal mehr in der Rede vom Projekt der Moderne als Norm aufrechterhalten.

An der Mall könnte man anschaulich lernen, warum beide Hoffnungen Naivitäten sind. Die Mall ist kein Behälter, sondern eine transitorische Synthese von *commodities* und die gleichzeitige Veranstaltung zur Rechtfertigung derselben. In ihrem Veranstaltungscharakter jedoch ist sie erkennbar als eine ästhetisch faszinierende Fragwürdigkeit des vorgeblich Gelungenen und als großes Fest des Flanierens, des Einkaufs, der Arbeit und der Information, die sie ineinandermischt. Der sakral anmutende Bedeutungsgehalt der »Kathedralen des Handels« ist also im Prinzip »Mall« weitergeführt, als Veranstaltung der allgültigen Verbindung des Menschen zu allem und jedem, als Zugänglichkeit zur Welt und zum Weltverkehr, als vorgebliche Durchdringung von Natur und als die Erzeugung einer virtuellen Realität, die die Grenzen zum Realen verwischt. Das Prinzip »Mall«, die hereingeholte Welt, ist also kein »Gebäude«, weder ein »Gerät« noch ein »Container«. Sie ist vielmehr *technischer Raum* – nicht im Sinne einer Metapher für einen industriell hergestellten »Bereich«, das Künstliche oder Maschinelle des menschlichen Handelns, sondern als *Prinzip* für die Realität. Sie ist die gewaltigste Fragwürdigkeit unseres Naturverhältnisses in der gleichzeitig zelebrierten Form hyperrealen Gelingens – Platons schöne Höhle, die wir auf neuem Niveau erreicht haben – »wandelnd im Lichte der Sonne ...« – in klimatisierter Luft, im Glashaus an den Fassaden von Hochhäusern, die wie Felsenhorste über die ehemaligen Provinzen des Lebens ragen, während die sogenannte Wahrheit doch sehr düster und schattenhaft wirkt und eben gerade nicht als Promenade.

Television oder: Der Bauchtanz findet nicht statt

Über technische Medien, Eurovision und Anästhesie

I.

Die Qualität der Bilder oder: Der Bauchtanz findet nicht statt

Daß der Tanz etwas Geheimnisvolles sei, daß er voller Erotik, Sehnsucht und Leben steckt, daß er eine Kunst der Bewegung, des Blickes, des Aufeinanderzu ist, eine Kunst, die die Herkunft aller Bewegung und Korrespondenz veranschaulicht und Leben fühlbar macht; all jenes also, was der Tanz symbolisieren könnte, wenn tatsächlich getanzt wird, scheint ausgelöscht bei der Televisionsankündigung, daß jetzt gleich die »Bauchtanzeuropameisterin von 1992« tanzen werde.
Es sei hier einmal die Frage erlaubt, ob eine Bauchtanzeuropameisterin überhaupt »tanzen« kann; ob sie in dem Sinne »tanzt«, der uns vorschwebt, wenn wir vom Tanz als einer besonderen Kunst reden; ob also das, was die Bauchtanzeuropameisterin vor der Kamera gleich tun wird, ›tanzen‹ ist oder ob es sich bei dem gerade angekündigten und nun übertragenen Geschehen nur um eine Art Vorführung jener Bewegungen handelt, die von ungefähr an einen Bauchtanz erinnern, um ein Designmonument des Bauchtanzes also, das abgefilmt wird, wie man ein Denkmal abfilmt.
Man kann die Frage auch akademischer stellen, indem man zum Beispiel allgemein nach der Qualität von Bildern fragt, die im Medium der Television als einem von Information und Action geprägten Medium dann und wann auf »Kunst« treffen. Man könnte dann über die Auffassung streiten, ob im Zusammentreffen von technischer Kommunikation und

»Kunst« die Kunst wirklich erst im Technischen zum Sein komme, wie Peter Weibel meint.[1] In einem ironischen Sinne hat er natürlich recht. Der Bauchtanz kommt ohne seinen technisch-gewerblichen, sport- und wettkampfmäßigen Sinn überhaupt nicht ins Fernsehprogramm. Und so *wie* der Bauchtanz dann ins Fernsehen kommt – als Reportage nämlich –, hat man sich nicht nur zu fragen, ob ein einziger Zuschauer an den Bildschirmen hier einen Bauchtanz wahrnimmt, man hat auch zu fragen, welche Qualität der Bilder gefragt wäre, sollte es gelingen, den Bauchtanz als Geschehen wirklich wahrnehmbar zu machen.

Mit »Qualität der Bilder« meine ich nicht Bilder einer besonderen technischen Präzision; ich meine schon eher die Präzision der Wahrnehmung mit Hilfe der erzeugten Bilder, denn es geht ja letztlich wohl darum, mit einer bestimmten Art des Filmens ein Geschehen zu erzeugen, das die Teilnehmer am Filmgeschehen auch zu Teilnehmern am Geschehen »Bauchtanz« macht. Allgemein könnte man sagen, die »Qualität«, um die es hier geht, komme durch ästhetische Korrespondenz zustande. Dadurch aber ist noch nicht viel gewonnen. Es ist nur gesagt, daß sich zum Beispiel nicht einfach die technische Ausbildungs-»Qualität« des Kameramannes, des Regisseurs oder der Bauchtänzerin (die ja schließlich Europameisterin ist) etwa zur Qualität der Bilder addieren.

Ästhetische Korrespondenz ist etwas anderes, ein Prozeß, etwas Dynamisches, das den klassischen Ästhetikdefinitionen und ihrem statischen Werkbegriff schwer anmeßbar ist, auch wenn es dort bisweilen zur Sprache kommt. Sagen wir, um einen ersten Zugang zu schaffen, es geht um ein »Allianz-

1 »Die Technik setzt erst das Werk ins Sein. Ohne Technik gibt es bei der technischen Kunst keine Ontologie. Ohne Kamera kein Foto. Die Technologie begründet also bei der Techno-Kunst die Ontologie und nicht umgekehrt.« Peter Weibel, in: Florian Rötzer, *Digitaler Schein – Ästhetik der elektronischen Medien*, Frankfurt a. M. 1991, S. 229. Eine mangelnde Differenzierung dort, wo es um Allianzen geht, verschiebt das ontologische Moment von der Kunst auf die Technik. Statt dessen ginge es aber um ein Zusammendenken.

geschehen«, in dem technische und ästhetische Aspekte korrespondieren. Jeder, der eine größere Produktion erlebt hat, weiß, daß die Lösung der Qualitätsaufgabe im Klima der Zusammenarbeit, im Miteinander der Beteiligten, in der gegenseitigen Souveränität, mit der man sich Anspruch, Qualität und Initiative zugesteht, kurz in der *ästhetischen Situation* besteht, aus der heraus gearbeitet wird. Das »Produkt« jener Arbeit ist nicht identisch mit einem Werk oder einem schlichten Arbeitsergebnis. Es ist zunächst nur ein fertiges Band, ein Film, eine Cassette, eine Zwischenstation, denn worauf die Cassette wartet, ist nun ein neuer Prozeß, der der Rezeption. Im Vorentwurf auf die Rezeption wurde produziert, d.h., die Erwartungen an die ästhetische Korrespondenz des Publikums gingen in die ästhetische Korrespondenz der an der Produktion Beteiligten ein.

Ästhetische Korrespondenz nun stellt sich ein oder nicht. Die Qualität der einzelnen Arbeitsbeiträge hat damit zu tun, aber sie ist höchstens die Grundlage für die gemeinsame Meisterschaft des gegenseitigen Förderns, des wechselseitigen Ambitionierens, Nacharbeitens, der Zusatzmühen usf., die sich zum Endergebnis fügen. Korrespondenz braucht etwas von jenem Glück, das man nicht direkt herstellen, sondern nur indirekt ermöglichen kann, und vom Klima einer Produktion gibt es, wie man weiß, geheime Gänge zum Klima der Beurteilung und sogar der Publikumswirksamkeit einer Arbeit, etwa eines Filmes.

II.

Tanz als »Information«?

Doch sprechen wir hier ja nicht vom Film, sondern, viel bescheidener, vom Bauchtanz, und ich möchte daher nochmals zur Frage zurück, ob das, was die »Europameisterin im Bauchtanz« tut, überhaupt tanzen ist. – Sehen wir uns die

Sache genauer an. Denken wir an Tänze, von denen in der Bibel die Rede ist, an Salome zum Beispiel, denken wir an Anitras Tanz in *Peer Gynt* oder an den Bauchtanz als Kulturtopos des Orients, und hören wir uns nochmals jene Ankündigung an: »Die Europameisterin im Bauchtanz«.

Nach der Ankündigung erscheint auf dem Bildschirm eine Bühne, orientalisch, blau leuchtend, Theaterrauch, herabhängende Streifen halbtransparenter Schleier. Das Kameraauge hat eine fast befremdliche Nähe zur Szene, die durch den Bühnennebel wieder etwas abgemildert wird. Zwischen den beiden Tänzen, die vorgeführt werden, wird die Interviewerin nach oben kommen und fragen, wie die Bauchtänzerin Europameisterin geworden ist. Die Europameisterin wird keine Bauchtänzerin mehr sein, sondern eine gut trainierte Erfolgssportlerin, eine Frau, die sich aus eigener Kraft emanzipiert hat, die ihrer »Trainerin« dankt und den Namen ihrer Schule laut und deutlich nennt. Ansonsten redet sie von der Arbeit, der Mühe und der Freude, die die Europameisterschaft im Bauchtanz ihr gebracht hat. Danach wird sich die Europameisterin wieder in die Bauchtänzerin verwandeln – vor laufender Kamera – und tanzen.

Wirklich tanzen? Für die geforderten »Bilder« eines solchen Geschehens bedeutet das, was eben geschildert wurde, einen schier unlösbaren Anspruch: Zuerst muß es fast »Arabien« sein und dann fast das Klima eines Sportlerinterviews. Zuerst muß es erotisch sublim und festlich zugehen, dann muß es fast nüchtern, eurovisionsähnlich sein, und schließlich, wenn der zweite Tanz angekündigt wird, müssen unsere bereits keimenden Zweifel an der ganzen Veranstaltung, das sportliche Gestänge, an dem der Bauchtanz zu einer Form des Wettkampfs und der Eurovision wurde, dies alles muß wieder verschwinden, um einer erneuten Verzauberung Platz zu machen. Das Interview in seiner sportlich erotikfreien Geheimnislosigkeit, der Bauch, der eine Zeitlang wie ein störendes sinnliches Moment in der durch das Interview beschworenen Atmosphäre wirkte, dies alles muß nun wieder »ins Bild« zurück zwischen die Schleier, den Theaternebel; der Nabel der Bauchtänzerin – man denke an orientalische Wahrnehmungspräferenzen – muß wieder gebannt werden zwischen Sehnsucht, Wollust, sublime Verlokkung.

Ich wage nicht, öffentlich zu beurteilen, ob es im vorliegenden Fall geschafft wurde, diese Qualität der Bilder zu erzeugen. Ein Könner hätte das Interview vielleicht nicht zwischen zwei Tänze gespannt, weil dadurch die Korrespondenz zwischen diesen zerstört und eine andere aufgebaut wurde – die zwischen Tanz und Reportage. Es gäbe aber auch Gegenargumente. Was nun den Tanz selber anbelangt, so hätten die Bilder mehr als meisterhaft sein müssen, um gegen die kleinliche Atmosphäre anzukommen, die das Arrangement aus arabischer Bühne und Interview schuf. Sie hätten aus einer Wahrnehmungsperspektive heraus ›aufgenommen‹ werden müssen, die mit Europameisterschaften nichts und mit dem Geheimnis eines erotischen Tanzes alles hätte zu tun haben müssen. Solch eine Wahrnehmungsperspektive kann aber nur gewonnen werden, wenn der Kameramann den Bauchtanz als Form der Sinnlichkeit und allgemeiner Sehnsucht vorführt und nicht als Mischung aus arabischem Design und Spitzenplatzdenken à la Europameisterschaft. Sie kann nicht gewonnen werden, wenn statt dessen die Regie der »Europameisterin« Raum läßt – oder besser lassen *muß*; denn wir müssen annehmen, daß die Regie hier getan hat, was sie konnte, um so etwas wie den Bauchtanz überhaupt »ins Fernsehen« zu bringen.

Die »Europameisterin im Bauchtanz« kann also, und das wollte ich eigentlich nur sagen, *nicht* tanzen. Sie kann es jedenfalls nicht als »Europameisterin«, und sie kann es auch nicht, wenn sie zugleich im Medium der Television groß herausgebracht wird. Sie kann in der Situation, in die sie durch das technische Medium und seinen informationistischen Druck gerät, zwar zeigen, was ein »Tanz« ist, und dieser kann abgefilmt werden, doch ereignet sich dabei außer durch

Design verpackte Informationsvermittlung (»Diese Frau ist Europameisterin im Bauchtanz, und ihre Bewegungsweise sieht ungefähr so aus . . .«) gar nichts.

III.
Technische Medien und Kunst

Daß die Bauchtänzerin nun aber als Europameisterin herausgestellt wird, daß sie überhaupt unter diesem Aspekt ins Abendprogramm kommt, ist eine Angelegenheit, die uns noch einmal auf den Zusammenhang von technischen Medien und Kunst bringt. Wir haben irgendwie den Eindruck, daß Europameisterinnen fürs Fernsehen besser passen als Bauchtänzerinnen, weswegen Bauchtänzerinnen im europäischen Fernsehen gemeinhin nur als Europameisterinnen auftreten. Im Raum des als Informationstechnologie rationalisierten Televisionsbetriebes kann es womöglich gar nicht um den Bauchtanz gehen. Es geht bestenfalls um den »Farbtupfer«, den »Akzent«. Die *Kunst* der Bauchtänzerin hängt im Televisionsrahmen wie ein Gustav Klimt im Schalterraum der Deutschen Bank, aus Gründen der Dekoration. So wird Bauchtanz zu Eurovision, d. h. zu einer Perspektive, die nach Verbreitungsgesichtspunkten arbeitet und wahrnimmt, in Folklore- oder Siegerkategorien denkt und vorgebliche Spitzenleistungen »featuret«. Qualität und Ereignis ist in solch einer Welt der Rang, der technisch zum Ereignishaften des Bildstreifens gemacht wird. – Daß wir, die Zuschauer, *dabei* sind, daß wir eine gewisse informationelle Nähe zu diesem Ereignishaften erhalten, das ist der Eros der technischen Medien, ihr Bann, ein Geschehen, das, wie es so schön heißt, Grenzen sprengt.
»Europameisterin im Bauchtanz«. Man sagt oberflächlich genug, das Fernsehen sei ein »Bildmedium«, ein Medium der Augen. Warum nicht allabendlich stundenlang Bauchtanz,

schöne Landschaften, Theater, Ballett, Zirkus, also wirkliche *Augen- und Sinnenspektakel*? Warum statt dessen aber jederzeit stundenlang Polizeikrimis, Nachrichtenvorleser und die ewig gleichen Bilder irgendwelcher Herren, die aus irgendwelchen Türen kommen oder in irgendwelche Autos steigen? Die Antwort ist abstrakt relativ schnell zu geben: Die Augen und Sinnenspektakel »wirken« nicht, weil das Fernsehen entgegen allen zeitgenössischen Theoretikeransichten überhaupt kein Augen- und Sinnenmedium ist. Es wurde seiner ganzen Struktur nach als Informations- und Unterhaltungsmedium geschaffen, und dieses Selbstverständnis prägt es bis in die Wahrnehmung von »Kunst«, ja, es ist seine Kunst der »Wahrnehmung«, aus allem und jedem eine Mischung aus Familienfunk, Information oder Eurovision zu machen. – Betrachten wir eine »Landschaft«. Landschaften sind atmosphärisch erfüllte Räume und keine »Bilder« mit Musikbegleitung, auch wenn so etwas manchmal im Fernsehen zu sehen ist. Kontemplation angesichts des Naturschönen tritt als ästhetische Korrespondenz, d. h. als atmosphärischer *Entwurf* angesichts einer vorgegebenen Gegend auf und nicht angesichts einer Anweisung, die dem Zuschauer ein Bild und die Empfehlung »Nachdenken und Entspannen« überläßt. Ebenso das Theater: Theater ist ein Raumkunstwerk, das ohne Atmosphäre nicht lebt, Ballett braucht Raum, denn auch Tanz ist ein Kunstwerk körperlicher Korrespondenz im Raum, ein Geschehen aus Ferne und Nähe, aus Paarung und Scheiden. Das Atmosphärische ist wichtig, Sinnlichkeit, die Blicke auf die Bauchtänzerin, die Menschen, die bestimmte Blicke werfen. – Um ein Filmkunstwerk zu schaffen, dessen Inhalt ein Bauchtanz ist, müßte man geradezu vermeiden, eine Bauchtänzerin wie eine sich bewegende Puppe abzufilmen. Ein Kameramann, der dies tut, macht sie zur Gehilfin eines Informationsvorganges per Kamera, der so peinlich im Vordergrund steht, daß man sich zuletzt fragt, wozu dieses Fleisch dort vorn sich eigentlich bewegt.

Redet man im allgemeinen über das Verhältnis von Kunst

und dem Medium der Television, so läßt sich konstatieren: Während die Institutionen des Mediums durch ihre Angestellten Mittelmäßiges in Massen produzieren lassen und nur selten Zugänge zur Kunst schaffen, wird große Kunst – und diese ist immer ein Geschehen, das uns *mitnimmt* – meist zum Fall einer Information. Die »Information« des Televisionsmediums aber wirkt anästhetisch.

IV.

Information und Anästhesie

Daß »Information« anästhetisch wirkt, will nicht sogleich einleuchten oder scheint zumindest eine Einseitigkeit zu sein. Information ›reizt‹ schließlich, sie erregt Aufmerksamkeit oder bildet, sie präsentiert uns schließlich die Kunst, sie »zeigt« uns ein Konzert, den Bauchtanz – das Weltgeschehen – meint man. Wenn etwas betäubt, dann vielleicht ein Zuviel an Information, eine »Reizüberflutung« – sagt man.
Bei genauerem Hinsehen bemerken wir, daß wir gegenüber den technischen Medien einer Situation ausgesetzt sind, in der nicht die »Reizüberflutung« etwas Zwangsläufiges hat, sondern unser Angeschlossensein an diese – ein Sachverhalt, der einmal in der ironischen Wendung »Nur was schaltbar ist, ist überhaupt«, verpackt wurde.[2] – Im Angeschlossensein an die »Information«, in unserem Wunsch nach »Informiertheit« zeigt sich das ganze Dilemma der Mediengesellschaft.
»Information« konzentriert sich heute durch die Art ihrer Verarbeitung auf das durch den Computer und den Bildschirm Verarbeitbare. Der Computer ist Informationsspei-

2 Friedrich A. Kittler, »Real Time Analysis – Time Axis Manipulation«, in: Georg Christoph Tholen / Michael O. Scholl, *Zeit-Zeichen, Aufschübe und Interferenzen zwischen Endzeit und Echtzeit*, Weinheim 1990. S. 363. – Hier taucht die Verknüpfung in der Wendung auf: »Nur was schaltbar ist, ist überhaupt.«

cher und Präsenz abstrakter Daten, die als Simulation und Abrufbarkeit von allem und jedem den Sinn unseres Arbeitens ins Schöpferische hinein verschieben helfen sollen, indem sie uns von banalen Ordnungsfunktionen und Arbeit entlasten. Der Bildschirm bzw. die »Tele-Vision« ist nun (vorgeblich) Präsentation des konkreten Geschehens, das den Geschehensraum der laufenden Ereignisse aufarbeitet und anschaulich zusammenschließt.

Heute wird gerne davon gesprochen, daß mit den Medien die Sphären von Realität und Simulation ineinanderstürzen, weil das reale und das simulierte »Ereignis« sich bereits in Rückkopplung befänden und in einer Kultur der Künstlichkeit eigentlich nur »Simulation der Simulation« oder eben Virtualität im Gange sei.[3] Dies ist wahrscheinlich eine Übertreibung, aber es hat heuristischen Wert, so zu sprechen, was sich zeigen läßt, wenn wir uns den Vorgang der Information einmal auf die Wahrnehmungsabfolge in einem Informationsmedium hin ansehen.

»Was einmal Geist hieß ... wird von der Illustration abgelöst«, sagte Adorno und kritisierte damit die Entsinnlichung unseres Erlebens durch vorgebliche »Bilder«. Er sprach damals von der oberflächlichen »Versinnbildlichung« einer Reportage in ihrer scheinbaren »Anschaulichkeit«.[4] Das

3 Differenzen verschwinden, so Baudrillard, die von Objekt und Subjekt und auch die von Subjekt und Subjekt. Das Geschehen der Fernsehprogramme im ganzen ist die »endlose Differenzierung von ein- und demselben Subjekt« (Jean Baudrillard, »Die Simulation«, in: Wolfgang Welsch, Hrsg., *Wege aus der Moderne*, Weinheim 1988, S. 114). Vgl. auch: Paul Virilio, »Das öffentliche Bild«, oder: Edmond Couchot, »Die Spiele des Realen und des Virtuellen«, beide in: Rötzer (Anm. 1), S. 343 ff., 346 ff. – Zur Frage der Veränderung der Personalität durch Computerspeicher: Vilèm Flusser, »Gedächtnisse«, in: Jean Baudrillard / Hannes Böhringer [u. a.], *Philosophien der neuen Technologie*, Berlin 1988, S. 41 ff.

4 Th. W. Adorno, *Minima Moralia. Reflexionen aus dem beschädigten Leben*, Frankfurt a. M. 1951, S. 184. – Adorno geht allerdings von dem Gegensatz Aufklärung (Befreiung vom Bilderdenken) versus »Bilderflut« aus.

gewohnte Verhältnis von *sinnlich* Wahrgenommenem und Denken als dem *Nach-denken* des Wahrgenommenen steht auf dem Kopf: Das ›Gesehene‹, die illustrierte Statistik oder Reportage (etwa eines Kriegsereignisses) ist bereits ein *Denkergebnis*, das uns nunmehr präsentiert wird, als sei es ein *Sinnenereignis*, das wir zu interpretieren hätten. – Was der Zuschauer für *Interpretationsmaterial* seiner Urteilskraft hält, ist tatsächlich *Illustration* von bereits Interpretiertem. – »Wirklichkeit«, in einem naiven Sinne des tatsächlich Wahrgenommenen, ist uns nur durch einen Denkprozeß zugänglich, denn wir haben in dem vorliegenden Bildbericht gar nichts »gesehen«, wir haben nur die Meinung eines Journalisten »erfahren«, die er mit viel Farbe unterstrichen hatte.
Demgegenüber wären »ästhetische« Bilder von einer anderen qualitativen Semantik: sie würden nämlich nicht »Gegenstände« oder »Vorgänge« abbilden, sondern ein *Geschehen aufbauen*, das dem künstlerischen Vorgang (dem Tanz) korrespondiert und dadurch Wahrnehmung, d. h. wiederum ästhetisches Korrespondieren, ermöglicht.
Bildnerisch ein Geschehen aufzubauen, ist nicht nur die Aufgabe eines Regisseurs, jeder bildende Künstler tut es. Voraussetzung dafür ist, sich klarzuwerden, um welches »Geschehen« es sich bei einem Vorgang, und zwar nicht nur bei einem künstlerischen, handelt. Das »Was« eines Bauchtanzes, gewissermaßen seine metaphysische Ebene, ist ein dynamisierendes Geschehen zwischen der Tänzerin und den Zuschauern, dem Körper und den Blicken, es ist die Frage, ob der Körper, auf dem die Blicke ruhen, ihnen standhalten kann, oder ob er sich in Fleisch auflöst. Es ist ein dramatisches Geschehen aus Bewegung, Erotik, Musik, Augenspiel, Anfeuerung, Verweigerung, Drastik und Sublimation, das bis zu jenem Punkt führt, an dem die Gier, mit der die Blicke auf der Frau ruhen könnten, aufgelöst ist. Der Bauchtanz soll – jeder Orientale könnte uns das sagen – dazu führen, daß die Begierde in einen Zustand der gemeinsamen Freude, in Festlichkeit umschlägt und die Teilnehmer am Geschehen

verbindet, wie im übrigen jedes Rausch- und Stimulationsmittel, das zu Festeszwecken eingesetzt wird, dies soll. Um einen Bauchtanz also bildnerisch faszinierend darzustellen, braucht man in erster Linie ein Wissen darum, was ein Fest ist, und nicht, was der erste Platz in einer Europameisterschaft ist.

V.

Die Konversion der ästhetischen Wahrheit

Den wahrnehmungsbestimmenden Sachverhalt im Medium des Publikumsfernsehens könnte man »Konversion der ästhetischen Wahrheit« nennen. Er betrifft nicht nur das Fernsehen oder ähnliche Kommunikationstechniken. Er ist ein ästhetisches Dilemma des technischen Raumes und seiner Verhältnisse insgesamt: Die Konversion der ästhetischen Wahrheit besteht in folgendem Sachverhalt: Wir erhalten – ob in den Nachrichtenmedien, im Verkehr oder im Transportsystem sowie in den hundertfältigen Geräten und Dingen unseres Alltags und ihrer instrumentellen Verweisungszusammenhänge – immer schon die sachlich konkreten Ausführungsbestimmungen eines vorher festgelegten Sinnes, einer Institution, eines Systems, eines Handlungsablaufs oder eines Gerätes, das seinen Sinn mitbringt, das für einen ganz bestimmten Zweck taugt und für keinen anderen. Je enger sich dieses Netz der alltäglichen Besorgungen zieht und je zugespitzter der instrumentelle Sinn unserer technischen Umgebung sich präsentiert, desto enger sind wir eingesponnen und auch ästhetisch Teilnehmer einer Veranstaltung im konkreten, rationalisierten Sinn des Dinges als Mittel zum Zweck: Die Television ist unter solchen Verhältnissen ein Mittel zum Zweck des *synthetischen Dabeiseins*. Der Bauchtanz ist unter solchen Bedingungen eine synthetische Form des Dabeiseins im vorgeblichen Genuß der Bilder unter Reportagebedingungen. Verglichen mit den meisten Kulturreportagen war jener Bericht über den Bauchtanz vielleicht sogar eine anerkennenswerte Leistung, denn hier wurde ja wenigstens der Bruch zwischen ästhetischem Anspruch und der brutalen Reportagegesinnung des Mediums wie auch seiner Kollaborateure deutlich.

Das »Ding« für den ästhetischen Menschen, das Ereignis als Erfahrung sinnlicher Selbstgewißheit löst sich im Televisionsmedium (wie in vielen anderen Gegenden des technischen Raumes) auf und fordert uns nur mehr als »Benutzer«. »Gegenwart« erfüllt uns in solch einer Welt nicht mehr. Sie ist nicht mehr Fülle und Realität. Vielmehr ist sie technisch mediale Präsenz, d. h. ein zeitloses Alles- und Immer-Sein des zur Information gewordenen Welt-Sinnes. Angesichts des medialen Welt-Sinnes der ›Welt als Information‹ verkommt das Subjekt zur bloßen ›Geistesgegenwart‹ und seine Welt zur technischen Greifbarkeit. Teile unseres physiologischen Apparates und unserer Wahrnehmungsmöglichkeiten liegen brach, ja, sie werden in einer Art Abtrennungsverfahren betäubt. Die technische Form einer »Gegenwart« ohne Gewärtigkeit ist das banale Zugleich. In dieses »Zugleich« – von Vorgang und Information, von Bild und Abbild, von Gegenstand und Informationssinn, von Information A und Information B – geraten wir, und was wir dabei verlieren, das verlieren wir nicht etwa durch schlechte Benutzung der Medien, wie es einige Sozialpädagogen gern sähen, sondern durch das Klima, das sich durch sie als technische Gewärtigkeit von Welt ausbreitet.

Im technischen Raum ist gar nichts mehr *gewärtig* im Sinne der Zeit, aber alles zugleich Gegenwart im Sinne technischer Greifbarkeit. Kunst, Landschaftsschönheit, ein Ballett, ein Kunstfilm, dies alles ist Information, und diese ist die Vertauschung ästhetischer Korrespondenz mit den Dingen, mit ihrem ständigen Zur-Verfügung-Sein. Wozu sich wirklich mit etwas befassen, wenn es doch permanent greifbar ist? – Man kann in einer Welt, die auf dieser Greifbarkeit aufbaut,

also kein »richtiges« Bedienen der Medien nach irgendwelchen hehren Werten verlangen oder pädagogisch durchsetzen. Man muß vielmehr verstehen lernen, was Leben im Zugriff auf die Medien und in der Verfügung über die durch sie gebannten Realitäten auf einer grundsätzlichen Ebene bedeutet, aber auch – was dies ermöglicht!
Dazu zwei Bemerkungen: Zum einen ist »Information« ein Vorgang der organisierten und schematisch ablaufenden Vermittlung, die nur in einer ganz bestimmten Weise ›genommen‹ sein will – im Extremfall »bit« für »bit«. In diese Information werden (das ist die Reportagegesinnung des Mediums) ästhetische und empfindbare Komponenten weitestmöglich eingeschmolzen. Blut gerinnt zu Information, Krieg zu Statistik und einem Bericht über Waffenlieferungen; die deutsche Einheit gerät zur Straßenparty mit Nationalhymne. Der »informierte« Mensch – das ist seine *Situation* und keine Schuld – »fühlt« sich als »Teilnehmer« an einem Geschehen, das er einschalten kann: das Wissenschaftsgeschehen, das politische Geschehen, das Kunstgeschehen, das europäische Geschehen, das Weltgeschehen ... Seine Fähigkeit, real dabeizusein und zu handeln, ist herabgemindert. Die Atmosphäre, die Stimmung, die Dichte einer Situation, ihre mögliche Fülle, die Fähigkeit, etwa die ›Kühle‹ eines Moments der liebenswürdigen Verwirrung, der Verlegenheit, der falschen Gravität eines Auftritts, der Würde eines Menschen, eines Bauwerkes, eines Raumes wahrzunehmen und sie schöpferisch ins Handeln einzubeziehen (und das ist nur ein winziger Ausschnitt alltäglichen Wahrnehmens und Korrespondierens), ist in solch einem Raum relativiert, suspendiert oder als »Zusatzinformation« mit einem bloß technischen Korrektur-Sinn nebenhergeliefert.
Zum anderen: Der ans Bildmedium angeschlossene Mensch wird durch die scheinbar zweifache Wahrheit der reportierten und einer scheinbar ›dahinter‹ befindlichen Wirklichkeit zur Annahme verführt, er würde gut, schlecht, umfassend,

einseitig usf. über jene »Welt« informiert, die hinter diesen Nachrichten vorgeblich steckt. Dies aber ist ein viel zu schlichtes Bild. Tatsächlich nämlich entwerfen wir – metaphysisch strukturiert und medial reduziert, wie wir sind – erst aufgrund des gelieferten Materials jene Welt, »über« die wir uns dann »informiert« wähnen. Wir vergleichen also nicht Information mit Welt, sondern Information mit Information. Der »Realität«, die wir als ständig »Informierte« mit uns herumtragen, entspricht kein *ästhetisches Pendant*, d.h. kein reales Dabeisein in der Zeit, während die ästhetisch zugängliche Realität, d.h. das reale Dasein in der Zeit, *keine Handlungsmöglichkeit* für den Informierten birgt. Platt ausgedrückt: Wer fernsehen muß, ist gerade nicht dabei! – Schon wer einen Kinofilm im Fernsehen ansehen muß, merkt dies. Er ist nicht in der »Kinoatmosphäre«, diesem letzten Amphitheater der Moderne und dem eigentlich ästhetischen Gegenunternehmen gegenüber der Television.

Es geht hier also nicht darum, daß uns die modernen Medien vielleicht schlecht oder falsch informieren, daß sie uns einem »Bombardement« aussetzen, dem sich keiner entziehen könnte usf. Nichts dürfte vielfältiger und interessanter sein als die Situation des modernen Menschen in der technisch geprägten und medial vernetzten Welt. Es geht hier vielmehr darum, daß hier einer Realität, die der Informierte mit sich herumträgt, kein ästhetisches Pendant mehr entspricht, was uns als lebendige, fühlende und korrespondenzgewohnte Wesen dazu verurteilt, dort zu »handeln«, wo wir gar nicht ›dabei‹ sind, während wir dort »dabei« sind, wo wir leider meist nicht viel tun können.

Daß wir allzuschnell zufrieden mit der technischen Synthese sind, daß wir schon als Fortschritt betrachten, wenn die Vernetzung der Television zur Eurovision, ja zur Weltvision durchgeführt ist, prägt unsere Wahrnehmung. So ist uns zuletzt das Interview mit der Europameisterin im Bauchtanz weniger peinlich als ihr Tanz. So sind uns zwei Stunden Information oder Actionkrimi zuletzt erträglicher als der erotische

Hauch einer womöglich zweistündigen Tanzveranstaltung, denn diese würde uns ja ›mit‹-nehmen. Eine Tanzveranstaltung als Eurovision müßte ansonsten schon eine filmische Meisterleistung sein, um überhaupt den Tanz als Kunst in erträglicher Weise ins Bild zu bringen – dafür sorgen schon die Urteilsmechanismen der postprotestantischen Ethik.

VI.

Die Show – das Fest der öffentlichen Bilder

In Hörfunk und Fernsehen sind die Informationsjournalisten bekanntlich die eigentlich angesehenen Leute. Alle anderen machen etwas, das hinter vorgehaltener Hand auch schon mal für ziemlich überflüssig gehalten wird. Der Nimbus des Informationsjournalisten entwickelt sich auch deshalb immer perfekter, weil er auf Dauer die einzig »seriöse« Arbeit in einem Medium sein kann, das auf Unterhaltung, Informationismus und Filmübernahme festgelegt ist. Kunst wird in einem solchen Medium eigentlich nur in einer Form ins Werk gesetzt – in der Show.

Die Show ist das letzte eigentlich große Kunstwerk der Television, das Stellvertreter-Fest, das man nicht mehr feiern muß, das man vielmehr feiern lassen kann, ohne hinterher aufräumen zu müssen, an dessen Pracht und Glamour man aber Anteil hat, indem man sich zurücklehnt oder indem man das Telefon bedient. Es ist erstaunlich, doch die Television hat es vermocht, Demokratie und Festlichkeit, rationalisierte Ja-Nein-Stimmen-Verwaltung und dionysische Freuden miteinander zu versöhnen. Der TED-abfragbare Mitmacher, jene ästhetico-technische Größe sinnlicher Festesgewißheit, deren »Dabeisein« auf Nummerntafeln oder »Barometern« zelebriert wird, die übrigens wieder einmal an Wettkampf erinnern, ist der allianztechnische Sinn des meisten Dargebotenen aller Shows, jener Veranstaltungen also, wo synthetisches Dabeisein nicht mehr durch *Information*, sondern durch eine Art *telegenes Mysterium* erzeugt wird. Selbst die technisch-informationelle Wirklichkeitsaufnahme wird beiseite gedrängt. Der Moderator ironisiert sich und andere. Der Zuschauer wird bei Laune gehalten, und statt ihn ins Drama der Wirklichkeit zu ziehen, liefert man ihn dem Dramolett derer aus, die Anstecknadeln sammeln, alles über Mozart wissen oder mit ihrer Ehepartnerin öffentlich in der Frage übereinstimmen, ob sie oder er nachts lieber nackt schläft.

Das Synthetische, sagten wir, sei Surrogat für ästhetische Korrespondenz und verhindert diese, indem es unsere Fähigkeit dazu mindert. Um das »Hirn« zu »informieren«, trennt man es vom Menschen ab, schaltet es mit einem bestimmten »Channel« zusammen und füllt es mit der »Message«, so etwa Marshall McLuhan. Die meisten zeitgenössischen Stellungnahmen und Beschreibungen zum Rezeptionsgeschehen von Medien, speziell der Channeltelevision, variieren diese beiden Aussagen. – Wir müssen nun weiterdenken und formulieren: Das Festliche der Show ist Surrogat für Teilnahme als »Dabeisein schlechthin« und jene Erlösung in gemeinsamer Freude, die Dionysos im antiken Mythos seine bunte Schar verkünden ließ.

Was wir in der Aufsplitterung des Geschehens und damit ja auch der virtuellen »Welt« auf zehn, zwanzig oder hundert Kanäle erleben, was uns atmosphärisch umfängt, wenn wir uns die selben Nachrichten immer und immer wieder einspielen lassen, ist längst schon die technisch inszenierte Aufhebung des Informationssinnes der Welt in einen ganz anderen: Geben wir es zu! Nicht mehr die *»Information«* wollen wir. Sie wäre auch meist viel zu schwachsinnig. Es ist wohl eher schon eine Art Flanieren im Weltgeschehen, eine neue Form des ubiquitären, ganz legeren *Dabeiseins*, das uns von den Moderatoren der Nachrichtensendungen ja auch neuerdings ganz leger vorgemacht wird. Nicht möglichst gut »informiert« sein wollen wir, wie in moderner, alter Zeit.

Wir wollen lustvoll verfügend dabeisein, wir wollen schalten, von Kanal zu Kanal, so wie die Moderatoren, die sich mal nach Peking und eine Minute später nach New York schalten. – Es wird bekanntlich als große Leistung angesehen, wenn jemand verschiedene Bücher nebeneinander lesend einen verdienstvollen Aufsatz verfaßt. Warum soll es in ausgewählten Fällen nicht eine genauso große Kulturleistung sein, wenn jemand sich durch das flanierende Vergnügen des Channel-surfing seinen Weltbildcocktail für diesen Abend zusammenstellt und die Bilder so ›freiläßt‹?

Das Problem, um das es bei steigender Medienvernetzung geht, ist also nicht mehr der Konflikt von Informationismus und Kunst, der Konflikt zwischen Bauchtanz und Informationsgesinnung, es ist vielmehr schon das Problem des *synthetischen Dabeiseins* schlechthin, jenes Bedürfnisses, das ja nie erfüllt wird, es sei denn um den Preis einer vollständigen Reduktion unserer Ansprüche, nämlich durch das Fernsehen »bei« den Journalisten vor der Tür in Bonn oder Berlin oder Washington zu stehen, dabeizusein, wenn das Wort »kein Kommentar« hinter einem Politikerrücken hervordringt, der sich gerade in eine Autotür beugt. Es geht hier nicht um die Frage, ob die vielen Berichte, die wir sehen, »informativ« sind. Sie sind es in einem klassischen Sinne, ganz gewiß. Es geht um die Frage nach jener Situation des sogenannten »Fernsehteilnehmers«, die in Anbetracht des Zusammenwirkens aller Medienkanäle und des damit abgestrahlten Klimas sowie auch der Rezeptionsmöglichkeiten (und Gewohnheiten) längst als *Delirium der Dauerinformation im Anästhesiezustand synthetischen Dabeiseins* bezeichnet werden kann. Das synthetische Dabeisein auf seine sublime Spitze getrieben aber ist die Show, die Performance, das Stellvertreter-Fest, zu dem ja bereits die Nachrichten gemacht werden. Nichts ist grotesker als die Verbindung blutiger Kriegsbilder mit jenem Flanierlächeln auf dem Gesicht des Sprechers, der all diese Ereignisse arrangiert, kommentiert und mit dem Telefonhörer in der Hand in alle Welt überliefert.

Der »Bauchtanz« findet also nicht statt. – Zunächst, weil es keine ›Bilder‹ für ihn gibt, d. h. keine Tradition der Erzeugung ästhetischen Dabeiseins für einen primären ästhetischen Vorgang in einem Reportagemedium. Statt dessen gibt es informationell synthetisches Dabeisein, Stellvertreterdiskussionen und das Stellvertreter-Fest aus Witz, Geistreichelei und Show als jenem Zug der Medienarbeit, der die alten, »seriösen« Formen ablöst. Der Rest, ein zumindest zeitweilig spürbarer Griff nach ästhetischer Korrespondenz als großer Fernsehkunst, ist eine Anstrengung, die bestenfalls Minderheitenschutz und das spätere Recht auf einen eigenen Kanal genießt.

Zum andern aber findet der Bauchtanz nicht statt, weil ein bestimmter *Brückenschlag* nicht geschafft wird, und dies ist sogar das ernstere Problem. Es ist der Brückenschlag zwischen der Möglichkeit einer ästhetischen Korrespondenz mit den Dingen als sinnlich sublimem Dabeisein, dessen anschaulichstes Bild der Bauchtanz als Sinnenfest alter orientalischer Kultur ist, und auf der anderen Seite dem tagtäglichen leichthin gemachten Versprechen der technischen Informations- und Unterhaltungsmedien, die Welt sei doch schon längst eine einzige Form festlichen Dabeiseins für jedermann.

Nicht wegen seiner Reduktion der Welt auf »Information« oder Diskurse sollte das technische Medium der Weltperspektive – und das ist die Television – also heute in erster Linie kritisiert werden, sondern im Hinblick auf jenen eigentlich erforderten und kaum geleisteten Brückenschlag zwischen zwei völlig verschiedenen Formen der Korrespondenz, Formen, wie sie nicht weiter auseinanderliegen könnten und die zur Allianz gebracht werden müßten. Es wäre naiv, zu sagen, jene Allianz würde stattfinden, weil der Bauchtanz doch schließlich ins Fernsehen komme. Er kommt eben nicht so einfach ins Fernsehen, wie wir uns das bisher gedacht haben. Es wäre vielmehr *Kunst* dazu erfordert – und das heißt auch, eine ganz spezifische ästhetische Reflexion –, damit dies geschähe.

Textnachweise

Der Künstler und die Wissenschaften. Bemerkungen zum Verhältnis von ästhetischer Korrespondenz und rationalisierter Kommunikation

Gastvorlesung zur Einleitung des Kongresses »Zeitgenössische Kunst und Kunstwissenschaft« der Universität Kassel, Fachbereich 22 (Kunst), 29. Oktober 1992.

Atmosphären. Über einen vergessenen Gegenstand des guten Geschmacks

Vortrag auf Einladung des Fachbereichs 13 für Architektur und Landschaftsplanung an der Universität Kassel am 6. Mai 1993.

Die Philosophie und die Wüste

Veränderte Fassung der Erstveröffentlichung aus den *Nürnberger Blättern*, Jg. 2, Nr. 4, September 1986.

Die Technik und das Leiden. Skizze einer ästhetischen Pathologie des technischen Raumes

Deutsche Variante von: Après Heidegger: Y-a-t-il une Philosophie de la Technique sur des fondements Esthétiques? Vortrag zum Internationalen Heidegger-Kongreß, 21.–28. September 1989, im Collège International de Philosophie, Paris. Veröffentlicht in: J. Poulain / W. Schirmacher (Hrsg.): Penser après Heidegger. Paris 1992.

Liebes Montafon. Zur Ästhetik der ›Landschaft‹ im technischen Raum

Erstveröffentlichung u. d. T. »›Liebes Montafon‹. Zur ästhetischen Betrachtung der Alpen im technischen Raum« in: Merkur. Nr. 527 (1993) S. 101–110. – Überarbeitete Fassung.

Das Prinzip »Mall«

Erstveröffentlichung in: Merkur. Nr. 515 (1992) S. 114–124. – Überarbeitete Fassung.

Television oder: Der Bauchtanz findet nicht statt. Über technische Medien, Eurovision und Anästhesie
Vortrag auf Einladung des Kultusdezernats der Stadt Weimar zu den »Europäischen Kultur- und Zeitgesprächen«, 21.–29. Mai 1993. – Verkürzte Erstveröffentlichung in: Merkur. Nr. 532/533 (1993).

Deutsche Philosophie der Gegenwart

IN RECLAMS UNIVERSAL-BIBLIOTHEK

Hans Albert, Kritische Vernunft und menschliche Praxis. 214 S. UB 9874

Werner Becker, Elemente der Demokratie. 142 S. UB 8009

Dieter Birnbacher, Verantwortung für zukünftige Generationen. 297 S. UB 8447

Hans Blumenberg, Wirklichkeiten, in denen wir leben. 176 S. UB 7715

Rüdiger Bubner, Zur Sache der Dialektik. 4 Aufsätze. 165 S. UB 9974

Hans Ebeling, Freiheit, Gleichheit, Sterblichkeit. Philosophie nach Heidegger. 168 S. UB 7776

Iring Fetscher, Arbeit und Spiel. Essays zur Kulturkritik und Sozialphilosophie. 171 S. UB 7979

Kurt Flasch, Augustin. Einführung in sein Denken. 487 S. UB 9962 – Das philosophische Denken im Mittelalter. Von Augustin zu Macchiavelli. 720 S. UB 8342 – auch geb.

Manfred Frank, Selbstbewußtsein und Selbsterkenntnis. Essays zur analytischen Philosophie der Subjektivität. 485 S. UB 8689 – Stil in der Philosophie. 115 S. UB 8791

Hans-Georg Gadamer, Die Aktualität des Schönen. Kunst als Spiel, Symbol und Fest. 77 S. UB 9844

Volker Gerhardt, Pathos und Distanz. Studien zur Philosophie Friedrich Nietzsches. 221 S. UB 8504

Jürgen Habermas, Politik, Kunst, Religion. 151 S. UB 9902

Rudolf Haller, Facta und Ficta. Studien zu ästhetischen Grundlagenfragen. 152 S. UB 8299

Dieter Henrich, Selbstverhältnisse. Gedanken und Auslegungen zu den Grundlagen der klassischen Philosophie. 212 S. UB 7852

Otfried Höffe, Den Staat braucht selbst ein Volk von Teufeln. Philosophische Versuche zur Rechts- und Staatsethik. 174 S. UB 8507

Bernulf Kanitscheider, Kosmologie. Geschichte und Systematik in philosophischer Perspektive. 512 S. UB 8025

Hans Lenk, Pragmatische Vernunft. Philosophie zwischen Wissenschaft und Praxis. 205 S. UB 9956

Wolf Lepenies, Gefährliche Wahlverwandtschaften. Essays zur Wissenschaftsgeschichte. 165 S. UB 8550

Paul Lorenzen, Theorie der technischen und politischen Vernunft. 168 S. UB 9867

Odo Marquard, Abschied vom Prinzipiellen. 152 S. UB 7724 – Apologie des Zufälligen. 144 S. UB 8351

Günther Patzig, Tatsachen, Normen, Sätze. 183 S. UB 9986

Manfred Riedel, Norm und Werturteil. Grundprobleme der Ethik. 4 Aufsätze. 141 S. UB 9958

Alfred Schmidt, Kritische Theorie, Humanismus, Aufklärung. Philosophische Arbeiten 1969-1979. 183 S. UB 9977

Joachim Schulte, Wittgenstein. Eine Einführung. 248 S. UB 8564

Walter Schulz, Vernunft und Freiheit. Aufsätze und Vorträge. 175 S. UB 7704

Wolfgang Stegmüller, Rationale Rekonstruktion von Wissenschaft und ihrem Wandel. 207 S. UB 9938

Ernst Tugendhat, Probleme der Ethik. 181 S. UB 8250

Ernst Tugendhat / Ursula Wolf, Logisch-semantische Propädeutik. 268 S. UB 8206

Joachim Wehler, Grundriß eines rationalen Weltbildes. 285 S. UB 8680

Carl Friedrich von Weizsäcker, Ein Blick auf Platon. Ideenlehre, Logik und Physik. 144 S. UB 7731

Wolfgang Welsch, Ästhetisches Denken. 224 S. 19 Abb. UB 8681

Philipp Reclam jun. Stuttgart